पादप जैवप्रौद्योगिकी
(PLANT BIOTECHNOLOGY)

डॉ. एच. आर. डागला

प्रोफेसर

पादप जैवप्रौद्योगिकी व आण्विक जैविकी

वनस्पति विज्ञान विभाग

जयनारायण व्यास विश्वविद्यालय, जोधपुर (राज.)

भारत

साईन्टिफिक
पब्लिशर्स

प्रकाशक

साईन्टिफिक पब्लिशर्स (इण्डिया)

5-ए, न्यू पाली रोड, पो. बा. नं. 91
जोधपुर-342 001 (राज.)
टेलिफोन : 0291-2433323
E-mail: info@scientificpubonline.com

ISBN : 978-93-90749-86-7 [P/B]
978-93-90749-87-4 [E/B]

भारत में मुद्रित

माताजी-पिताजी

को

समर्पित

प्राक्कथन (About Book)

कॉलेज व विश्वविद्यालय स्तर पर विज्ञान में उच्च स्तर की पुस्तकें साधारणतया अंग्रेजी माध्यम में ही उपलब्ध होती है। स्कूल स्तर तक हिन्दी माध्यम से अध्ययन किए हुए विद्यार्थियों के लिए कॉलेज व विश्वविद्यालय स्तर पर विज्ञान विषयों को अंग्रेजी भाषा में अध्ययन व अभिव्यक्ति एक चुनौती होती है। ऐसी स्थिति में हिन्दी माध्यम के विद्यार्थियों को विज्ञान विषय के आधारभूत तकनीकी शब्दों व संकल्पनाओं की सुस्पष्ट समझ विकसित नहीं हो पाती है। फलस्वरूप हिन्दी माध्यम के विद्यार्थियों में विज्ञान विषयों के प्रति अरूचि पैदा होने लगती है। प्रस्तुत पुस्तक में "पादप जैवप्रौद्योगिकी" जैसे तकनीकी विषय को सरलतम हिन्दी भाषा में रंगीन चित्रण द्वारा अभिव्यक्त किया गया है। पुस्तक जैवप्रौद्योगिकी विकास क्रम से प्रारम्भ होती है व पादप ऊतक संवर्धन: विकास का इतिहास, पादप ऊतक संवर्धन: उपयोगिताएँ, ऊतक संवर्धन के लिए आवश्यक सामग्री, उपकरण व विधियाँ, अंग एवं कायिक भ्रूणजनन, सूक्ष्मप्रवर्धन, जीवद्रव्यक पृथक्करण व संवर्धन, ऊतक संवर्धन द्वारा द्वितीयक उपापचयी निर्माण, अगुणित संवर्धन, जननद्रव्य संरक्षण, आनुवंशिक अभियांत्रिकी एवं जैवप्रौद्योगिकी, जैविक नाइट्रोजन, स्थिरीकरण की आण्विक जैविकी, नेनो जैवप्रौद्योगिकी, डीएनए फिंगरप्रिंटिंग तक जारी रहती है।

पुस्तक में प्रमुख जैवप्रौद्योगिकीविज्ञों की भूमिकाओं का अलग से संक्षिप्त वर्णन किया गया है। विद्यार्थियों के अभ्यास के लिए बहुविकल्पी, लघु व विस्तृत प्रश्न भी पुस्तक में दिए गए हैं। इस पुस्तक के अध्ययन से विद्यार्थियों में पादप जैवप्रौद्योगिकी विषय की आधारभूत समझ व रूचि बढ़ेगी व विद्यार्थी पादप जैवप्रौद्योगिकी में उच्च शिक्षा व अनुसंधान के लिए प्रेरित होंगे।

15 अगस्त, 2021 **एच. आर. डागला**

आभार (Acknowledgements)

I would like to thank Prof. (Retd.) N.S. Shekhawat, Ex Head, Department of Botany, J. N. Vyas University, Jodhpur for guidance, Dr. T. S. Rathore, Scientist (Retd.) Plant Biotechnology and Ex Director, Arid Forest Research Institute, Jodhpur and Prof. (Retd.) Shekhar Bhargava, Rajasthan Agriculture University, Bikaner, India for critical evaluation and suggestions of this book. I would like to thank Praveen K. Jha for design and illustration composition of the book.

— **H. R. DAGLA**

विषय सूची

क्र. सं.	विषय – वस्तु	पृष्ठ सं.

पुस्तक में दिये गये चित्रों की सूची

अध्याय–8

अध्याय–9

अध्याय–11

अध्याय–12

अध्याय–14

अध्याय-1

जैवप्रौद्योगिकी
(Biotechnology)

प्रागैतिहासिक काल से ही मानव ने खाद्य पदार्थों के अधिक उत्पादन के लिए पौद्यों का संवर्धन (कृषि) प्रारम्भ किया एवं उच्च उत्पादन वाली किस्मों का चयन कर उत्पादन में उत्तरोत्तर वृद्धि का प्रयास किया। फसलीय पौधों कि विभिन्न किस्मों के परस्पर संकरण से किसानों ने फसलीय पौधों में उपयोगी आनुवंशिक परिवर्तन के प्रयास भी किए। सूक्ष्म जीवों का उपयोग खाद (नाइट्रोजन) व कीटनाशकों के रूप में किया जाता था। इसी प्रकार सूक्ष्य जीवों का उपयोग शराब, बीयर, विभिन्न प्रकार के अम्ल, दही व दूध उत्पाद में प्रारम्भिक काल से ही होता रहा है। पूर्व मानव को इन जैव आधारित उत्पादों के निर्माण की जैव रासायनिक क्रियाओं का आभास नहीं था।

संयुक्त राष्ट्र संघ (UNO) की जैव विविधता सभा (CBD) द्वारा प्रस्तुत परिभाषा जैवप्रौद्योगिकी के सभी पहलुओं को व्यक्त करती है। ''*तकनीकी उपयोग द्वारा जीव, जैविक तंत्र या उनके व्युत्पन्न द्वारा निर्मित उत्पाद का उत्पादन, उसमें परिवर्तन या प्रक्रिया में फेरबदल से नए उत्पादों का बहुतायत में निर्माण, जैवप्रौद्योगिकी है*''।

सारणी 1.1: जैवप्रौद्योगिकी विकास क्रम

काल	उत्पादन/तकनीक
8000 BC	खाद्य बीजों का संग्रहण व कृषि में उपयोग, पालतु पशुओं व फसलीय पौधों का चयन व संकरण
6000 BC	बीयर, शराब व डबलरोटी (bread) का निर्माण
4000 BC	पनीर व दही निर्माण
1856	पौधों में संकरण के प्रयोगों द्वारा आनुवंशिकी का अध्ययन

काल	उत्पादन/तकनीक
1980	आधुनिक जैवप्रौद्योगिकी में पूर्णसंयोजन डीएनए तकनीक (recombinant DNA technology) का उपयोग कर *ई. कोलाई* (*E.coli*) जीवाणु से मानव इंसुलिन का निर्माण
1992	एफ डी ए (Food and Drug Administration –USA) ने प्रथम आनुवंशिक रूपान्तरित ''फ्लेवर सेवर'' टमाटर का अनुमोदन किया।

जैवप्रौद्योगिकी के मुख्य उपयोगी क्षेत्र

1. स्वास्थ्य
2. कृषि
3. औद्योगिक उत्पादन
4. पर्यावरण संरक्षण

जैवप्रौद्योगिकी की शाखाएँ

1. **लाल जैवप्रौद्योगिकी** – ये मेडिकल की प्रक्रिया से सम्बंधित है, जैसे सूक्ष्म जीवों से प्रतिजैविकी बनाना, आनुवंशिक रोगों का जीन के फेरबदल से इलाज करना आदि।
2. **हरी जैवप्रौद्योगिकी** – यह कृषि की प्रक्रिया से सम्बंधित हैं, जैसे पौधौं का चयन, सूक्ष्म प्रवर्धन ट्रांसजेनिक पौधों (बीटी कोटन) का निर्माण उपापचयों का प्रयोगशाला में सह पात्रे संश्लेषण इत्यादि।
3. **सफेद जैवप्रौद्योगिकी** – यह उद्योग से सम्बंधित है, इसमें जीवों को इस प्रकार डिजाइन किया जाता है जिससे वे उपयोगी रसायन अधिक मात्रा में निर्मित कर सकें। इसके अलावा एन्जाइमों का उपयोग कर उपयोगी रसायनों का निर्माण व हानिकारक व प्रदूषण फैलाने वाले रसायन को निष्क्रिय किया जा सकता है। इसमें पारम्परिक प्रक्रिया की तुलना में कम संसाधन का उपयोग कर अधिक उत्पाद बनाया जा सकता है।
4. **नीली जैवप्रौद्योगिकी** – समुद्री या जलीय जीवों से सम्बंधित है।

1.1 पादप जैवप्रौद्योगिकी में संभावनाएँ एवं भविष्य की चुनौतियाँ (Prospects and Future Challenges in Plant Biotechnology)

पादप ऊतक संवर्धन तकनीक के तीव्र विकास ने पादप विज्ञान के विभिन्न क्षेत्रों में महत्वपूर्ण प्रभाव डाला है। ऊतक संवर्धन तकनीक के विकास से अब प्रमुख

धान्य, फल व शोभाकारी पादप प्रजातियों में ऊत्तक संवर्धन से पादप पुनर्जनन संभव हो गया है। आण्विक जैविकी व ऊतक संवर्धन तकनीक के संयोग से मौलिक अनुसंधान व औद्योगिक क्षेत्र में इसकी महता बढ़ गयी है। जीनोमिक्स (genomics), प्रोटियोमिक्स (proteomics) व मेटाबोलोमिक्स (metabolomics) के ज्ञान से पादप जैवप्रौद्योगकी में भविष्य में कुछ महत्वपूर्ण संभावनाएँ हैं।

1.1.1 मात्रात्मक विशेषक स्थल (Quantitative trait loci)

कृषि से सम्बन्धित लक्षण (trait) जैसे पैदावार व रोग प्रतिरोधी गुण जटिल प्रकार के होते हैं। आण्विक चिन्हकारों से मात्रात्मक विशेषक स्थल (QTL) का पता लगाया जा सकता है। आण्विक चिन्हकार जैसे आइसोएन्जाइम एवं डीएनएन चिन्हकार आरएफएलपी (RFLP) आरएपीडी (RAPD), एएफएलपी (AFLP), व क्रम पुनरावृत (sequence repeats) जैसे- माइक्रोसेटेलाइट (2–6 bp seq.) व मिनिसेटेलाइट (10–45 bp seq.) को मात्रात्मक लक्षण स्थान (QTL) के मापन में उपयोग किया जाता है। आरएपीडी (RAPD), एएफएलसी (AFLP) व क्रम पुनरावृत (sequence repeats) पीसीआर (PCR) आधारित है व एएफएलसी (AFLP) से तीव्र तकनीक है। क्यूटीएल (QTL) की चिन्हक (marker) से संबंधता के आधार पर दृष्टिगत गुणों (phenotypes) की भविष्यवाणी चिन्हों की उपस्थिति या अनुपस्थिति के आधार पर की जा सकती है।

1.1.2 पादप कोशिकाओं व अंग संवर्धन में औषधीय प्रोटीन का उत्पादन (Production of pharmaceutical proteins in plant cell and organ cultures)

आनुवंशिक अभियांत्रिकी से पादप कोशिकाओं में आनुवंशिक रूपान्तरण से पुर्नसंयोजित प्रोटीन व एन्जाइम का निर्माण किया जा सकता है। हिएत (Hiatt *et al*, 1989) ने सर्वप्रथम क्रियाशील एन्टीबॉडी की अभिव्यक्ति को तम्बाकु की पत्तियों में प्रदर्शित किया। तत्पश्चात् पादप तंत्र को एंजाइम, एन्टीबांडीज, वैक्सीन व इन्सुलिन निर्माण के लिए विकल्प के तौर पर उपयोग किया जाता है।

1.1.3 पादप ऊतक संवर्धन सम्पूर्ण पादप का विकल्प (Plant tissue culture alternative to whole plant)

सम्पूर्ण पादप की तरह पादप कोशिकाओं व अंग संवर्धन जैसे- रोमिल मूल को स्तनधारियों (mammalian) के जीन से रूपान्तरित कर पुनर्योजित प्रोटीन का निर्माण किया जा सकता है।

1.1.4 जैवसूचनातंत्र (Bioinformatics)

जीनोमिक्स (genomics) प्रोटियोमिक्स (proteomics) एवं मेटाबोलोमिक्स (metabolomics) के सम्मिलन से जीन, प्रोटीन एवं पादप उत्पादन के पथ (pathways) से संबंधित सूचनाओं का विस्तार हुआ है। इन सूचनाओं की सहायता से कोशिका संवर्धन के उचित डिजाइन व संशोधन से उच्च गुणवता के उत्पाद प्राप्त किये जा सकते हैं।

अध्याय-2

पादप ऊतक संवर्धन: विकास का इतिहास

(Plant Tissue Culture: History of development)

कोशिका जीवन की मूलभूत ईकाई है। कोशिका सिद्धान्त (cell theory) के अनुसार प्रत्येक कोशिका में एक नए जीव को उत्पन्न करने की क्षमता होती है, इसे पूर्णशक्तता (totipotency) कहते हैं। एक कोशिकीय जीवों में जीवन की सम्पूर्ण क्रियाएं एक कोशिका में सम्पन्न होती है। बहुकोशिकीय पादपों में एक कोशिकीय युग्मनज (zygote) के विभाजन एवं विभेदन (differentiation) से सम्पूर्ण पादप का परिवर्धन (development) होता है (Fig. 2.1)। विभेदन के दौरान विशिष्ट कोशिकाओं (specialized cells) एवं अंगों का परिवर्धन होता है, जो विशिष्ट कार्यों को सम्पूर्ण करते हैं। पादपों में विभेदन एवं परिवर्धन का नियंत्रण (control) कैसे होता है? बहुकोशिकीय पादपों में कोशिकाएं कैसे अपने गुणों व क्षमताओं को अभिव्यक्त करती है व आपस में सामंजस्य रखती है? ऐसे कौनसे कारक हैं जो विभिन्न अंगों के निर्माण को निश्चित करते हैं? पादप विज्ञान में प्रारम्भ से ही ये अनुसंधान के विषय रहे हैं। इन विषयों के अध्ययन के लिए पादप ऊतक संवर्धन एक महत्वपूर्ण विधि है।

पादप ऊतक संवर्धन (plant tissue culture) तकनीक से पादप कोशिकाओं की पोषणीय आवश्यकताओं (nutritional requirements), आकारिकी उत्पति (morphogenesis) एवं पादप पुनर्जनन (regeneration) की विविध परिवर्धनीय अवस्थों (developmental stages) का अध्ययन किया जा सकता है। पादप ऊतक संवर्धन (culture) में पादप कोशिकाओं, ऊतकों व अंगों

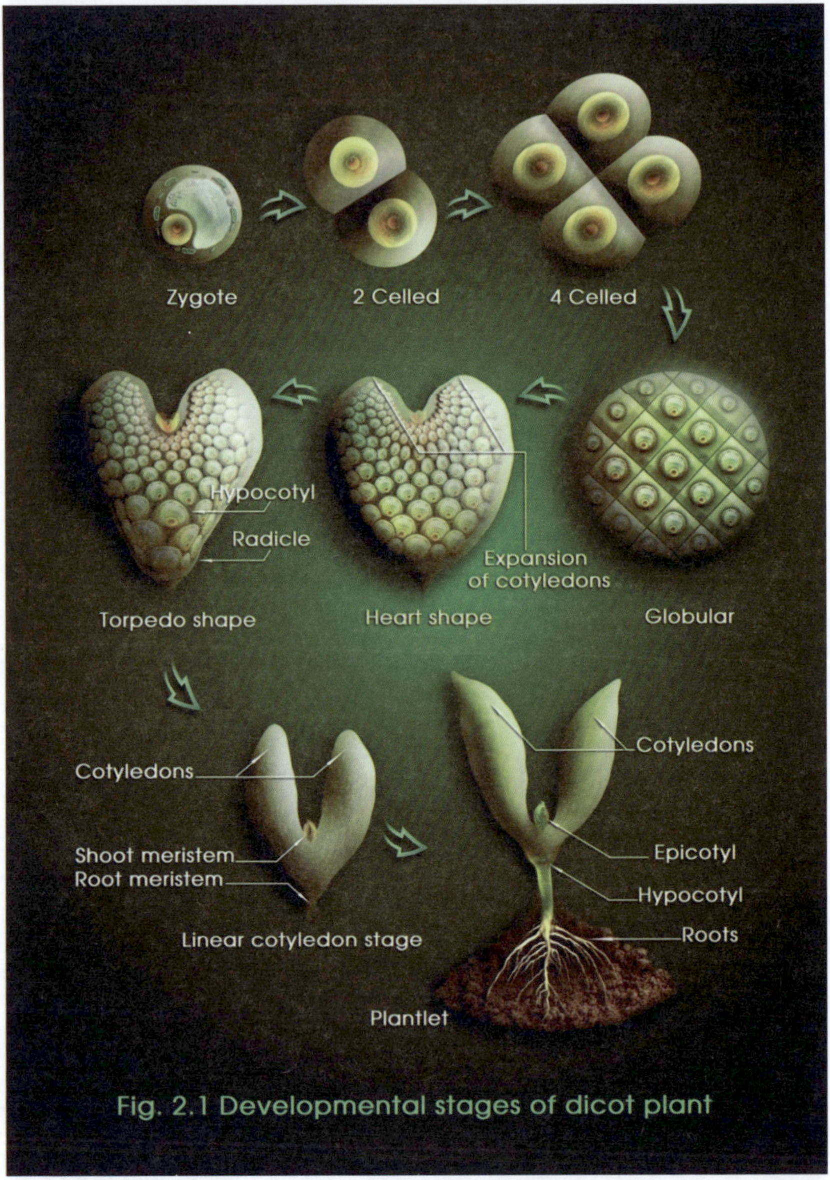

Fig. 2.1 Developmental stages of dicot plant

को पादपों से विच्छेदित (excised) कर प्रयोगशाला की संदूषण विहीन (contamination free) एवं नियंत्रित अवस्थाओं (controlled conditions) जैसे- ताप, प्रकाश व आर्द्रता में संवर्धन किया जाता है। परिवर्धन व वृद्धि के

नियामक तंत्र (regulatory system) का अध्ययन पादप जैवप्रौद्योगिकी (plant biotechnology) का मूल आधार है। पादप जैवप्रौद्योगिकी से कृषि व वानिकी में उन्नत किस्मों के पादप व पादप उत्पादों का निर्माण औद्योगिक स्तर (industrial level) पर किया जा सकता है।

आनुवंशिक अभियांत्रिकी (genetic engineering) की सहायता से पादप कोशिकाओं में उपयोगी बाहरी जीन स्थानान्तरण (foreign gene transfer) कर नए उत्पादों एवं गुणों (products and characters) युक्त पौधे तैयार किए जा सकते हैं।

2.1 ऊतक संवर्धन का प्रारम्भ (Begining of tissue culture)

पादप ऊतक संवर्धन विधि में पादपों की वृद्धि एवं परिवर्धन से संबंधित अध्ययन किया जाता है। विलगित ऊतकों के संवर्धन के प्रयास पूर्व में कई वनस्पतिविज्ञों द्वारा किए गए थे लेकिन विच्छेदित ऊतकों व कोशिकाओं (एक्स प्लांट) को प्रयोगशाला की नियंत्रित अवस्था में संवर्धन का प्रारम्भ 19वीं शताब्दी के अंतिम काल में हुआ था। जर्मनी के वनस्पतिविज्ञ **हेबरलैंड** (Gottlieb Haberlandt) ने सर्वप्रथम पादप कोशिकाओं को पौधों से अलग कर संवर्धन के कारणों की व्याख्या 1902 में प्रस्तुत की। पौधों की कायिक कोशिकाओं में पूर्णशक्तता (totipotency) को प्रमाणित करने के लिए हेबरलैंड ने कोशिका संवर्धन प्रारम्भ किया था। हेबरलैंड का उद्देश्य पृथक्कृत कायिक कोशिका को कांच के पात्रों में पोषण माध्यम पर संवर्धन कर विभाजन व परिवर्धन के लिए प्रेरित कर नए पादपों का पुनर्जनन (regeneration) करना था।

हेबरलैंड को **'ऊतक संवर्धन का जनक'** कहा जाता है। इन्होनें विभिन्न पौधों की पेलिसेड कोशिकाओं, ग्रंथिल रोमों व वातरन्ध्रों की सहायक कोशिकाओं को नोप के (Knop's) पोषण माध्यम में संवर्धन का प्रयास किया। उन्होंने परीक्षण के दौरान पाया की कोशिका 3–4 सप्ताह तक जीवित रही एवं कोशिका का व्यास कई गुणा तक बढ़ा, लेकिन कोशिका विभाजित नहीं हुई।

हेबरलैंड की असफलता के प्रमुख कारण अत्यन्त साधारण पोषण माध्यम का उपयोग व पूर्णतया विभेदित कोशिकाओं का संवर्धन के लिए चयन करना था। हेबरलैंड अपने उद्देश्यों में सफल नहीं हो सके लेकिन उन्होंने कुछ धारणाएं 1902 में प्रस्तुत की, जो की पादप परिवर्धन एवं वृद्धि से सम्बन्धित अध्ययन के लिए आधार बनी।

2.1.1 हेबरलैंड की अवधारणाएँ

पादप शरीर में कोशिकाओं की वृद्धि, विभेदन व परिवर्धन पादप व वातावरण द्वारा मिले संकेतों द्वारा नियंत्रित होती है। हेबरलैंड को 'पादप वृद्धि हॉर्मोन' का ज्ञान था जिसे उन्होनें 'वृद्धि एन्जाइम' कहा। वृद्धि एन्जाइम या वृद्धि हॉर्मोन कोशिका विभाजन व परिवर्धन के लिए महत्वपूर्ण भूमिका अदा करते हैं। पादप कोशिकाओं के विभेदन से कोशिकाओं व ऊतकों का कार्य व स्थान पादप काय में निश्चित होता है। विशेषीकृत कोशिकाओं की वृद्धि व परिवर्धन क्षमता विभेदन के पश्चात् समाप्त नहीं होती है बल्कि वातावरण व पादप काय से मिले संकेतों से नियंत्रित व निर्धारित होती है। कोशिकाओं को यदि पादप से विच्छेदित कर इन संकेतों को हटाया जा सकता है तो कोशिका को पुनः विभाजन व परिवर्धन के लिए प्रेरित किया जा सकता है एवं पुनः जनन सक्षम (totipotent) बनाया जा सकता है। इन्हें विंकलर (1901) के प्रेक्षणों का ज्ञान था, जिसके अनुसार परागनलिका, अण्डाशय व अण्ड कोशिका की वृद्धि को उद्दीप्त करती है। इन्होंने सुझाव दिए कि–

1. कायिक कोशिका परागनलिका के साथ संवर्धन करने से विभाजित हो सकती है।
2. कायिक कोशिका विभज्योतक के निचोड़ (extract) से विभाजित हो सकती है।
3. तरल भ्रूणपोष (liquid endosperm) कायिक कोशिका के विभाजन को प्रेरित कर सकता है।

2.2 अंग संवर्धन (Organ culture)

कोशिका संवर्धन के कई असफल प्रयासों के पश्चात कोटे (Kotte, 1922) ने जर्मनी में व रोबिन्स (Robbins, 1922) ने अमेरिका में यह धारणा प्रस्तुत की, कि विभज्योतकों (meristem) से युक्त अंगो जैसे, मुलाग्र एवं कलिकाओं (root and shoot apex) को पौधों से विच्छेदित (excise) कर उनका प्रयोगशाला की कृत्रिम अवस्था में संवर्धन किया जा सकता है।

कोटे (1922) ने मटर व मक्का की छोटी मूलाग्रों का नोप (Knop's) के घोल (ग्लूकोज, अमीनो अम्ल एवं अन्य पोष पदार्थ) में लम्बे समय तक संवर्धन किया।

रोबिन्स (1922) ने मक्का की मूलों का सफलतापूर्वक संर्वधन किया। उन्होंने खमीर (yeast) के घोल को पादप अंगों के संवर्धन में उपयोग कर वृद्धि कारक के रूप में उसकी महत्ता पहचानी।

व्हाइट (White, 1934) ने खमीर के घोल एवं रोबिन्स द्वारा उपयोग में लाए गए पोषण घोल में टमाटर की मूलों का सर्वप्रथम असीमित संवर्धन किया।

लू (Loo, 1945) ने *एस्पेरेगस* के स्तम्भ के अग्र भाग का संवर्धन किया।

बॉल (Ball, 1946) ने यह दर्शाया कि स्तम्भ विभज्योतक के कौन से भाग से पूर्ण पौधा तैयार किया जा सकता है। इन्होंने शीर्ष विभज्योतक (apical meristem) से सम्पूर्ण पादप प्राप्त कर कायिक गुणन (vegetative multiplication) या **सूक्ष्मप्रवर्धन** की आधार शिला रखी।

मोरेल व मार्टिन (Morel & Martin, 1952) ने वाइरस संक्रमित डाहेलिया के प्ररोह अग्रस्थ (shoot tip) से वाइरस मुक्त (virus free) पादप प्राप्त किये।

यद्यपि मूल व तने के अग्र भाग का संवर्धन सफलतापूर्वक स्थापित हो चुका था लेकिन विलगित विभेदित कायिक कोशिका विभाजित होने में तब भी कठिनाई थी।

2.3 ऊतक संवर्धन (Tissue culture)

गोथरे (Gautheret, 1934) ने वृक्ष की जातियों (*Salix capraea, Populus nigra*) के केम्बियम कोशिकाओं का संवर्धन किया।

व्हाइट (White, 1939) ने तम्बाकू की दो जातियों (*Nicotiana glauca* and *N. langsdorffii*) के संकर पादप के ट्यूमर का ऊतक संवर्धन किया।

गोथरे व नोबेकोर्ट (Gautheret and Nobecourt, 1939) ने गाजर की मूसला जड़ों से असीमित काल तक ऊतक संवर्धन किया। उन्होंने ऑक्सिन (auxin) का उपयोग किया एवं पाया कि इससे कैलस की वृद्धि हुई। हालांकि ऊतक संवर्धन में 1939 तक सफलता हासिल कर ली गयी थी लेकिन संवर्धन में प्रयुक्त ऊतकों (ट्यूमर व गाजर की मूल के केम्बियम) में प्राकृतिक रूप से भी विभाजन की क्षमता होती है। लेकिन पूर्णतया विभेदित व परिपक्व कायिक कोशिश में विभाजन एवं कैलस का निर्माण कठिन था। हेबरलैंड का उद्देश्य विच्छेदित कायिक कोशिका में विभाजन को प्रेरित करना था। यह सफलता साइटोकाइनिन (cytokinin) की खोज एवं उपयोग से ही संभव हो सकी। नारियल दूध की पोषणीय खोज ने इस क्षेत्र में एक महत्वपूर्ण उपलब्धि हासिल की। नारियल दूध का कोशिकाओं की वृद्धि पर महत्वपूर्ण प्रभाव था।

स्कूग (Skoog, 1950) ने इस बात पर सहमति जताई की नारियल के दूध में एडीनिन (एक प्यूरिन) पाया जाता है। कोशिका विभाजन कारक (cell division factor) की खोज में लगे स्कूग के समूह ने क्षय हुए डीएनए में भी यह कारक खोजा।

स्कूग एवं मिलर (Skoog and Miller, 1955) ने पुराने डीएनए निचोड़ (old DNA extract) को एडिनिन के व्युत्पन्न के रूप में प्रयुक्त किया एवं पाया कि यह ऑक्सिन की उपस्थिति में कोशिका विभाजन, गुणन एवं कलिका निर्माण में प्रेरण का कार्य करता है। यह कारक पृथक किया गया व इसे 6–फरयूरिलएमीनोप्यूरिन (6-furfurylaminopurine) के रूप में पहचाना गया व इसे काइनेटिन (kinetin) नाम दिया। इससे संबंधित समवृति (analogous) 6–बेन्जाइल अमीनों प्यूरिन (6-benzylaminopurine-cytokinin) का संश्लेषण किया जो कोशिका विभाजन को प्रेरित करता था। इसके पश्चात् मक्का से जीएटिन (zeatin) नामक प्राकृतिक साइटोकाइनिन पृथक्कृत किया। ऑक्सिन एवं साइटोकाइनिन (growth regulators) के प्रयोग से विच्छेदित कोशिका का विभाजन व ऊत्तक संवर्धन का विकास संभव हो सका, जो हेबरलैंड का उद्देश्य था।

स्कूग एवं मिलर (Skoog and Miller, 1957) ने सिद्ध किया कि पौधों में अंगों (मूल व स्तम्भ) का निर्माण ऑक्सिन व साइटोकाइनिन के परस्पर अनुपात पर निर्भर करता है।

रेनर्ट (Reinert, 1958) ने गाजर की कायिक कोशिकाओं से भ्रूण निर्माण द्वारा कायिक कोशिका की पूर्णशक्तता का प्रर्दशन किया लेकिन वे यह प्रमाणित नहीं कर पाए थे कि कायिक भ्रूण एक कोशिका से बना है या कोशिकाओं के समूह से।

वासिल एवं हिलब्रांट (Vasil and Hildebrandt, 1965) ने प्रदर्शित किया कि तम्बाकू की विलगित एकल कायिक कोशिका विभाजित होकर कोशिकाओं का समूह बनाती है जो पूर्ण पौधे का निर्माण करती है। लेकिन इनके प्रयोगों में यह प्रमाणित करने के साक्ष्य नहीं थे कि पूर्ण पौधे का निर्माण एक कोशिका के विभाजन एवं विभेदन से बने कायिक भ्रूण द्वारा हुआ है या कोशिका समूह द्वारा।

बेक्सहयूसमान एवं रेनर्ट (Backs-Husemann and Reinert, 1970) ने चित्रों द्वारा यह सिद्ध किया कि गाजर की एक कायिका कोशिका रूपान्तरित होकर कायिक भ्रूण का निर्माण करती है। जो कायिक कोशिका की पूर्णशक्तता को प्रमाणित करता है। इस प्रकार हेबरलैंड द्वारा की गई कल्पना की पुष्टि कायिक कोशिका से कायिक भ्रूण निर्माण द्वारा पूर्ण हुई।

2.4 एकल कोशिका संवर्धन

एकल कायिक कोशिका के **संवर्धन** को प्रेरित करने के लिए विभिन्न विधियां विकसित की गई।

मुर (Muir, 1954) ने एकल कोशिका का विभाजन सक्रिय वृद्धि कर रहे कैलस पर रखे फिल्टर पेपर पर रख कर किया। सक्रिय कैलस से कोशिका विभाजन प्रेरित करने वाले कारक फिल्टर पेपर से छनकर कोशिका तक पहुंचते हैं व विभाजन को प्रेरित करते हैं।

जोन्स (Jones, 1960) ने एकल कोशिका का संवर्धन करने के लिए सूक्ष्म कक्ष (micro chamber) (Fig. 7.4) बनाए। उन्होंने एकल कोशिका का संवर्धन अनुकूलित माध्यम (conditioned medium– ऐसा माध्यम जिसमें पूर्व में कैलस का संवर्धन किया गया था) में किया। अनुकूलित माध्यम में कैलस से स्त्रावित कोशिका विभाजन को प्रेरित करने वाले कारक मौजूद रहते हैं।

वासिल व हिलब्रांड (Vasil and Hildebrandt, 1965) ने अनुकूलित माध्यम (conditioned medium) के स्थान पर साधारण संवर्धन माध्यम में नारियल दूध मिलाकर तम्बाकू की एकल कोशिका से सम्पूर्ण पादप का संवर्धन किया। उन्होनें तम्बाकू की संकर कोशिका को एक स्लाइड पर संवर्धन माध्यम पर रखा व सूक्ष्मदर्शी से अवलोकन किया।

गुहा व माहेश्वरी (Guha and Maheshwari, 1964) ने तम्बाकू के अपरिपक्व पराग कणों (immature pollen grains) से सम्पूर्ण अगुणित पादप (haploid plants) प्राप्त किये।

कोकिंग (Cocking, 1960) ने एन्जाइमों (सेल्यूलेज व पेक्टिनेज) से जीवद्रव्यक (protoplast) को पृथक कर सम्पूर्ण पादप प्राप्त किये। जीव–द्रव्यक (protoplast) संलयन (fusion) से उन असंगत (incompatible) जातियों व जीनस के बीच संकर उत्पन्न कर सकते है जो पर परागण से संभव नहीं होता है।

पादप ऊतक संवर्धन विधि से प्राकृतिक यौगिकों का उत्पादन औद्योगिक स्तर पर करने के प्रयास 1950 व 1960 के दौरान हुए। फाइजर (Pfizer) कम्पनी ने पौधों की कोशिकाओं को तरल माध्यम में संवर्धन कर प्राकृतिक पादप उत्पादों के निर्माण के प्रयास किये।

ब्राउन (Braun, 1947) ने सुझाव दिया कि एग्रोबैक्टीरियम (*A. tumefaciens*) के टीआई (Ti) प्लाज्मिड में पादपों में ट्यूमर (अनियंत्रित कोशिका विभाजन) उत्पन्न करने की क्षमता होती है। ये प्लाज्मिड अपना एक भाग टी–डीएनए (T-DNA) पौधों के जीनोम में स्थानान्तरित करते हैं जो ट्यूमर बनाता है। इस टी–डीएनए के ट्यूमर वाले भाग के स्थान पर वांछित जीन जोड़ कर पौधों में जीन स्थानान्तरित किया जा सकता है।

अध्याय-3

पादप ऊतक संवर्धनः उपयोगिताएँ (Plant Tissue Culture: Applications)

पादप ऊतक संवर्धन तकनीक की स्थापना ने पादप विज्ञान की विभिन्न शाखाओं में अनुप्रयोग के विभिन्न आयाम खोल दिए। पादप प्रजनन, प्राकृतिक पादप उत्पादकों के औद्योगिक उत्पादन, जर्मप्लाज्म का संरक्षण, एवं आनुवंशिक अभियांत्रिकी कुछ मुख्य क्षेत्र हैं, जो इस तकनीक की अनुपयोगिता को प्रमाणित करते हैं।

पादप ऊतक संवर्धन तकनीक द्वारा कम समय व सीमित स्थान में वर्ष भर बहुतायत में चयनित पौधे व उनके उत्पाद प्रयोगशाला की नियंत्रित अवस्थाओं में प्राप्त किये जा सकते हैं। पादप ऊतक संवर्धन की प्रमुख उपयोगिताएं निम्न प्रकार हैं-

3.1 पादप ऊतक संवर्धन की प्रमुख उपयोगिताएं

3.1.1 सूक्ष्मप्रवर्धन (Micropropagation)

सीमित एवं अल्प स्थान (परखनली या फ्लास्क) में बहुतायत में वर्ष भर पौधों का उत्पादन किया जाता है। इसमें मुख्यतः दो विधि उपयोग में ली जाती है।

अ अप्रत्यक्ष

एक्स प्लांट से उत्पन्न कैलस से अंग जनन या कायिक भ्रूण जनन से सम्पूर्ण पादप उत्पन्न किये जाते हैं।

ब प्रत्यक्ष

स्तम्भ की पर्व संधि में स्थित कक्षस्थ कलिका के प्रेरण से उत्पन्न अक्षीय प्ररोह में मूल प्रेरित (induce) कर सम्पूर्ण पौधे प्राप्त किये जाते हैं।

3.1.2 वाइरस मुक्त (Virus free) पौधे

वाइरस का संक्रमण पौधों के आंतरिक भागों (systemic infection) में फैल जाता है। इसे पृष्ठीय विसंदूषण से नहीं हटाया जा सकता है। वाइरस संक्रमित पौधों का शीर्षस्थ प्ररोह विभज्योतक, वाइरस के संक्रमण से मुक्त होता है। कायिक प्रवर्धन (तना, कंद) से उत्पदित होने वाले बागवानी, कृषि व वनीय पादपों को वाइरस से मुक्त करने के लिए शीर्षस्थ प्ररोह संवर्धन एक उपयोगी प्रवर्धन विधि है।

3.1.3 परागकोष या पराग संवर्धन (Anther or Pollen)

पराग कोषों या विलगित परागकणों के संवर्धन से उत्पन्न कैलस कोशिकाओ के गुणसूत्र द्विगुणन से समयुग्मक (homozygous) वंशक्रम प्राप्त किये जा सकते हैं। अगुणित पौधों के गुणसूत्र द्विगुणन से केवल 1–2 वर्षों में समयुग्मज वंशक्रम प्राप्त हो जाते है। जबकि पारम्परिक पादप प्रजनन विधि में बारम्बार स्वपरागण से समयुग्म पौधे प्राप्त करने में 6–7 वर्ष लगते हैं।

3.1.4 कायिक संकर (Somatic hybrid)

दो भिन्न जातियों के जीवद्रव्यक (protoplast) के संलयन से कायिक संकर प्राप्त किये जा सकते हैं। इस विधि द्वारा (1) परस्पर अनिषेच्य पादप जातियों के बीच व (2) अलैंगिक जनन (कायिक प्रवर्धन) जातियों के संकर उत्पन्न किये जा सकते हैं।

3.1.5 आनुवंशिक अभियांत्रिकी (Genetic engineering)

पौधों की कोशिकाओं में वांछित बाहरी जीन (foreign gene) के स्थानान्तरण के पश्चात्, आनुवंशिक परिवर्तित कोशिका से सम्पूर्ण पादप पुनर्जनन से वांछित गुणों युक्त नवीन पौधे प्राप्त किये जा सकते हैं।

3.1.6 कायिक क्लोनीय विभिन्नताएँ (Somaclonal variation)

ऊतक संवर्धन से प्राप्त पौधों में आनुवंशिक विविधता पाई जाती है। यह विविधता आकारिकीय, जैव रासायनिक व उपज संबंधी गुणों युक्त हो सकती है। इन विभिन्नताओं का उन्नत किस्म विकास में उपयोग किया जा सकता है।

3.1.7 जनन द्रव्य संरक्षण (Germplasm conservation)

निम्न ताप भंडारण का अनुप्रयोग जननद्रव्य (कोशिका, ऊतक) संग्रहों के

अनुरक्षण के लिये किया जा सकता है। संकटग्रस्त व दुर्लभ (rare & threatened) प्रजातियों के जननद्रव्यों को दीर्घकाल तक तरल नाइट्रोजन के अति निम्न ताप (–196 °C) पर रक्षित किया जा सकता है। इन पादपों के जननद्रव्यों (कोशिका, ऊतकों व अंगों) का उपयोग पुनः पादप पुनर्जनन में किया जा सकता है।

3.1.8 कायिक कोशिकाओं में उत्परिवर्तन प्रेरण एवं चयन (Induction and selection of mutation in somatic cell)

कोशिकाओं (कैलस) को भौतिक अथवा रासायनिक स्रोतों से उत्परिवर्तित कर उनमें लाभदायक गुणों युक्त उचित कोशिकाओं का चयन किया जा सकता है। इन उत्परिवर्तित पादप कोशिकाओं से पादप पुनर्जनन कर विशिष्ठ (रोग व कीट प्रतिरोधक, उच्च व निम्न ताप व उच्च प्रकाश सहनीय) गुणों युक्त पौधों की नई किस्मों का विकास किया जा सकता है।

3.1.9 भ्रूण बचाव (Embryo rescue)

दूरस्थ संकरण (दो जाति अथवा जीनस) से उत्पन्न लाभदायक गुणों युक्त भ्रूण यदि अण्डाशय में जीवित नहीं रहता है तब ऐसे संकर भ्रूण को अण्डाशय से निकाल कर कृत्रिम पोषण माध्यम पर संवर्धन कर बचाया जा सकता है, व इससे नई किस्म के पौधे प्राप्त किये जा सकते हैं।

3.1.10 परखनली निषेचन व परागण (Test tube pollination and fertilization)

असंगत वर्तिकाग्र एवं वर्तिका की वजह से यदि परपरागण संभव नहीं है तो प्रयोगशाला में कांच के पात्रों में वर्तिकाग्र व वर्तिका को काट कर पर **परागण कराया जा सकता है।** नर व मादा युग्मकों का कांच पात्रों में संलयन कर युग्मनज उत्पन्न किया जा सकता है, तथा इसके विभाजन व विभेदन से संकर पौधे तैयार किये जा सकते हैं।

3.1.11 तरल संवर्धन (Suspension culture)

अगर (gelling agent) रहित माध्यम एक कोशिकीय संवर्धन एवं पौधों के द्वितीयक उत्पादकों के निर्माण में उपयोगी है। तरल माध्यम के विलोडन से कोशिकाएँ समूहों में न रहकर अलग–अलग हो जाती हैं, जो एक कोशिकीय संवर्धन के लिए उपयोग में ली जा सकती है।

अध्याय-4

ऊतक संवर्धन के लिए आवश्यक सामग्री, उपकरण व विधियाँ (Materials, tools and methods for plant tissue culture)

पादप ऊतक संवर्धन प्रयोगशाला में कुछ आधारभूत सामग्री, उपकरण, संदूषण मुक्त (contamination free) वातावरण व संवर्धन के लिए उपयुक्त ताप, प्रकाश, आर्द्रता नियंत्रित कक्षों की आवश्यकता होती है, जो निम्नलिखित हैं–

4.1 पादप ऊतक संवर्धन के लिए आवश्यक सामग्री व उपकरण

1. **शुष्क वायु ऑवेन** (hot air oven): तनु अम्ल से धुले हुए कांच के पात्र व धातुओं के उपकरणों को 130–180 °C तापमान पर 3–4 घंटे रखा जाता है (Fig. 4.1)।
2. **ऑटोक्लेव** (autoclave): जलवाष्प के 121 °C ताप व 1.06 $kgcm^{-2}$ दाब पर 15 मिनट के लिए परखनलियों व फ्लास्क में स्थानान्तरित संवर्धन माध्यम को विसंदूषित (sterilize) किया जाता है (Fig. 4.2)। यह प्रेशर कुकर के सिद्धांत पर आधारित है।
3. **लेमिनार वायु प्रवाह मंच** (laminar air flow bench): इसके संदूषण मुक्त मंच पर पृथक्कृत पादप भागों (जड़, तना, पत्ती व बीज) को रोगाणुनाशी रसायनों से उपचारित कर संवर्धन माध्यम में स्थानान्तरित किया जाता है (Fig. 4.3)। इसमें एक अल्ट्रावॉयलेट प्रकाश ट्यूब लगी होती है, जो रोगाणुओं को विसंदूषित करती है। इस कक्ष में वायु एक स्थिर प्रवाह (27±3 m min^{-1}) से कार्यस्थल पर प्रवाहित होती है। वायु पहले धूल कणों को

रोकने वाले फिल्टर से प्रवाहित होती है, तत्पश्चात् 0.2μm रन्ध्र आकार के हेपा (HEPA–High efficiency particulate air) फिल्टर से प्रवाहित होती है जो जीवाणुओं व कवक को वायु से हटाने में सक्षम होते हैं।

4. **पीएच मापी** (pH meter): पीएच मापी द्वारा माध्यम का पीएच (pH) 5.8 निर्धारित किया जाता है (Fig. 4.4)।

Fig. 4.1 Hot air oven

Fig. 4.2 Autoclave

Fig. 4.3 Laminar air flow bench

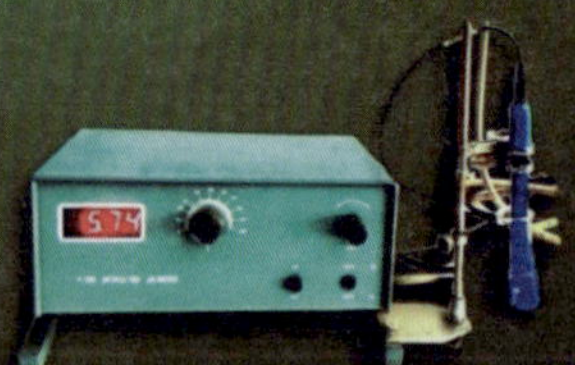

Fig. 4.4 pH meter

4.2 संवर्धन माध्यम निर्माण व विसंदूषण (Preparation and sterilization of culture medium)

कृत्रिम संवर्धन माध्यम (Table 4.1) में विच्छेदित पादप कोशिकाओं व अंगों (जड़, तना, पत्ती) की वृद्धि व विकास में आवश्यक कार्बनिक व अकार्बनिक पोषक तत्व (Table 4.2) मिलाये जाते हैं। संवर्धन माध्यम तरल व अर्धठोस दो प्रकार के होते हैं। संवर्धन माध्यम को अर्धठोस बनाने के लिए इसमें 0.8% (w/v) अगर (शैवाल का श्लेष्मीय पदार्थ) मिलाया जाता है। पादप वृद्धि नियामकों (Table 4.3) का एक निश्चित अनुपात व सान्द्रता आवश्यकतानुसार संवर्धन माध्यम में मिलाए जाते हैं। सोडियम हाइड्रॉक्साइड (NaOH) व हाइड्रोक्लोरिक अम्ल (HCl) की सहायता से पीएच मापी द्वारा माध्यम का पीएच (pH) 5.8 निर्धारित कर कांच की परखनलियों व फ्लास्क में स्थानान्तरित कर रूई के प्लग से बन्द कर दिया जाता है। इसके बाद इन्हें ऑटोक्लेव (autoclave) में 121 °C ताप व 1.06 $kgcm^{-2}$ दाब पर 15 मिनट तक विसंदूषित (sterilize) किया जाता है।

4.3 एक्सप्लांट का पृष्ठीय विसंदूषण (surface sterilization of explant) एवं संदूषण विहीन अवस्था में संवर्धन माध्यम में स्थानान्तरण (inoculation on culture medium under aseptic codition)

सर्वप्रथम लेमिनार के हवा प्रवाह (air blower) को प्रारम्भ किया जाता है एवं लेमिनार मंच को 70% एथाइल अल्कोहल से साफ किया जाता है। इसके पश्चात् मंच पर ऑटोक्लेव किया हुआ संवर्धन माध्यम, आसुत जल, स्टील प्लेट, चिमटी, कैंची रखे जाते हैं। इसके बाद हवा प्रवाह को बंद कर 15–20 मिनट तक अल्ट्रावॉयलेट प्रकाश (UV light) द्वारा मंच, उपकरण व कांच पात्रों के पृष्ठों पर मौजूद रोगाणुओं को विसंदूषित (sterilize) किया जाता है। तत्पश्चात् एक्सप्लांट का पृष्ठीय विसंदूषण कर संवर्धन माध्यम में स्थानान्तरित किया जाता है।

पृथक्कृत पादप भागों (एक्सप्लांट) के पृष्ठ पर मौजूद रोगाणुओं (pathogen) को रोगाणुनाशकों (Table 4.4) द्वारा हटाया जाता है।

सारणी 4.1: मुराशिगे व स्कूग (Murashige and Skoog, 1962) संवर्धन माध्यम

Mineral salts	
Major elements (mg/l)	**Concentration**
NH_4NO_3	1650
KNO_3	1900
$CaCl_2.2H_2O$	440
$MgSO_4.7H_2O$	370
KH_2PO_4	170
$Na_2.EDTA$	37.3**
$FeSO_4.7H_2O$	27.8**
Minor elements (mg/l)	
KI	0.83
H_3BO_3	6.2
$MnSO_4.4H_2O$	22.3
$ZnSO_4.7H_2O$	8.6
$Na_2MoO_4.2H_2O$	0.25
$CuSO_4.5H_2O$	0.025
$CoCl_2.6H_2O$	0.025
Organic constituents (mg/l)	
myo-Inositol	100
Nicotinic acid	0.5
Pyridoxine-HCl	0.5
Thiamine-HCl	0.1
Carbohydrates (g/l)	
Sucrose (g/l)	30
Agar (g/l)	10* or 8
Indoleacetic acid (IAA)	1-30
Kinetin	0.04-10

* Originally used by Murashige and Skoog (MS, 1962).

** 5 ml/l of a stock solution containing 5.57 g $FeSO_4 \cdot 7H_2O$ and 7.45 g $Na_2 \cdot EDTA$ per liter of H_2O.

सारणी 4.2: महत्वपूर्ण पादप पोषण व उनकी कार्यिकी भूमिका

नाइट्रोजन	प्रोटीन कार्य, न्युक्लिक अम्ल, कोएन्जाइम
पोटेशियम	परासरण विभव नियंत्रण
कैल्शियम	कोशिका भित्ति निर्माण, झिल्ली के कार्य
मैग्निशियम	एन्जाइम सहकारक, क्लोरोफिल संघटक
फॉस्फोरस	न्युक्लिक अम्ल संघटक, ऊर्जा स्थानान्तरण, श्वसन व प्रकाश संश्लेषण
सल्फर	अमीनो अम्ल व सहकारक संघटक
क्लोरीन	प्रकाश संश्लेषण
आयरन	इलेक्ट्रॉन स्थानान्तरण
मैंगनीज	एन्जाइम सहकारक
कोबाल्ट	विटामिन संघटक
कॉपर	एन्जाइम सहकारक, इलेक्ट्रॉन स्थानान्तरण
जिंक	एन्जाइम सहकारक, इलेक्ट्रॉन निर्माण
मेल्बिडेनम	एन्जाइम सहकारक, नाईट्रेट रिडक्टेज संघटक

सारणी 4.3: पादप वृद्धि नियामक

पादप वृद्धि नियामक		**भूमिका**
Auxins	Indole–3–acetic acid (IAA), 2,4–Dicholorophyenoxyacetic acid (2,4–D), 3–Indolebutyric acid (IBA), 1–Naphthaleneacetic acid (NAA)	कोशिका विभाजन, विभेदन, कटे तनों से जड़ प्रेरण। साइटोकाइनिन के संयोग से कैलस से जड़ व तने का विभेदन व शीर्ष प्ररोह की प्रभावी वृद्धि
Cytokinins	Zeatin (Zea), 6–Furfurylaminopurine (Kinetin), 6–Benzylaminopurine (BAP), N–isopentenylaminopurine (2iP)	कोशिका विभाजन, ऑक्सिन के संयोग से वृद्धि व परिवर्धन का नियंत्रण।

पादप वृद्धि नियामक		भूमिका
Gibberellins	Gibberellic acid (GA_3)	तने की लम्बाई का उद्दीपन।
ABA	Abscisic acid	कायिक भ्रूण परिवर्धन।

सारणी 4.4: पादप एक्सप्लांट को पृष्ठीय विसंक्रमित करने के लिए उपयोग में लिये जाने वाले प्रमुख रोगाणुनाशी

विसंक्रामक (Disinfectant)	सांद्रता (%)	अवधि (मिनट में)
Sodium hypochlorite	0.5 – 5	5 – 30
Calcium hypochlorite	9 – 10	5 – 30
Hydrogen peroxide	3 – 12	5 – 15
Mercuric chloride	0.1 – 1.0	2 – 5

एक्सप्लांट के पृष्ठीय विसंदूषण के लिए सर्वप्रथम एक्सप्लांट को मंद डिर्टजेंट से धोया जाता है इसके बाद इसे लेमिनार की संदूषण विहिन अवस्था में 70% एथिल एल्कोहल में 20–30 सेकंड के लिए डुबोया जाता है। तत्पश्चात् इसे रोगाणुनाशकों से उपचारित किया जाता है। एल्कोहल व रोगाणुनाशक रसायनों के उपचार के बाद एक्सप्लांट को 4–5 बार ऑटोक्लेव किए हुए आसुत जल से धोया जाता है व संवर्धन माध्यम में स्थानान्तरित किया जाता है (Fig. 4.5)।

4.4 संवर्धन कक्ष (Culture chamber)

संवर्धन को ताप (25–28±2 °C), प्रकाश की तीव्रता (30-35 μ mol $m^{-2}s^{-1}$), प्रकाश काल (10–14 घंटा प्रति दिन) व 60% सापेक्ष आर्द्रता (Relative Humidity) की नियंत्रित अवस्था में रखा जाता है (Fig. 4.6)।

4.5 दृढ़िकरण इकाई (Hardening unit)

वृद्धि कक्षों (growth chamber) की नियंत्रित अवस्थाओं (ताप, प्रकाश व आर्द्रता) में पुनर्जनित नव पादप उच्च ताप व प्रकाश के प्रति अति संवेदनशील होते हैं एवं पुनर्जनित नव पादप सूर्य के प्रत्यक्ष प्रकाश व उच्च ताप को सहन नहीं कर पाएँगे। पादपों में प्रत्यक्ष सूर्य प्रकाश व उच्च ताप सहन करने लिए इनके कार्यिकी व आकारिकी तंत्र में क्रमिक अनुकूलन आवश्यक है। कांच पात्रों में पुनर्जनित नव पादपों

(Fig. 4.7) को कांच की बोतलों में भरे कृत्रिम मृदा (soilrite) में संरोपित कर (Fig. 4.8) कांच गृहों (glass house) में उच्च आर्द्रता व निम्न ताप से कम आर्द्रता व उच्च तापमान में क्रमिक रूप से स्थानान्तरित किया जाता है। यह प्रक्रिया दृढ़िकरण (hardening) कहलाती, है जिसमें नव पादप, कार्यिकी व आकारिकी रूप से उच्च ताप व प्रकाश को सहन करने में सक्षम हो जाते हैं। दृढ़िकृत पादपों को प्राकृतिक मृदा में प्रतिरोपित किया जाता है।

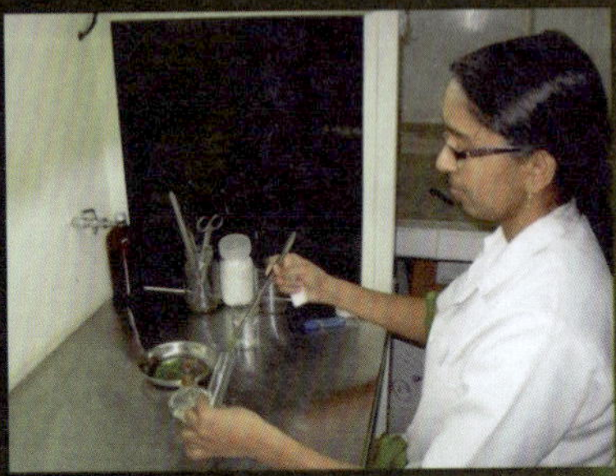

Fig. 4.5 Aseptic inoculation of explants on culture medium

Fig. 4.6 *In vitro* cultured plantlets in culture room

Fig. 4.7 *In vitro* cultured plantlet

Fig. 4.8 Hardening of plantlets on soilrite

अध्याय-5

अंग एवं कायिक भ्रूण जनन (Organogenesis and somatic embryogenesis)

पादप काय की विभेदित कायिक कोशिकाओं (ऊतकों व अंगों) को अविभेदित कोशिकाओं (callus) में परिवर्तित किया जा सकता है। अविभेदित कायिक कोशिकाओं से संश्लेषित माध्यम पर पुन: अंगों या कायिक भ्रूणों का पुनर्जनन किया जा सकता है।

अंग जनन (organogenesis) : अंग जनन एक ध्रुवीय होता है इसमें कोशिकाओं का विभेदन एक दिशा में होता है। कैलस कोशिकाओं से प्ररोह व प्ररोह में मूल विभेदन द्वारा पुन: नये पौधे पुनर्जनित किये जाते हैं (Fig. 5.1)। अंग जनन में सम्मिलित कोशिकाएं कैलस कोशिकाओं से जुड़ी रहती है।

कायिक भ्रूणजनन (somatic embryogenesis) : इसमें कोशिकाओं का विभेदन पूर्व निर्धारित मूल व प्ररोह ध्रुव द्वारा (root & shoot primordia) होता है (Fig. 5.2)।

5.1 अंग जनन (Organogenesis)

कैलस संवर्धन से प्ररोह व मूल का जनन सर्वप्रथम मिलर व स्कूग (1957) ने प्रदर्शित किया। उन्होंने प्रयोगों द्वारा सिद्ध किया कि ऑक्सिन व साइटोकाइनिन का परस्पर अनुपात ही कैलस से प्ररोह या मूल बनाने को प्रेरित करता है। इसके अतिरिक्त एक्सप्लांट कोशिकाओं की संवेदनशीलता, कोशिकाओं की वृद्धि नियंत्रकों के निर्माण की क्षमता, पादप नियंत्रकों के प्रकार, क्रिया विधि आदि अंग जनन को प्रभावित करते हैं। संवर्धन की भौतिक अवस्थाएँ व रासायनिक कारक भी अंग जनन को प्रभावित करते हैं।

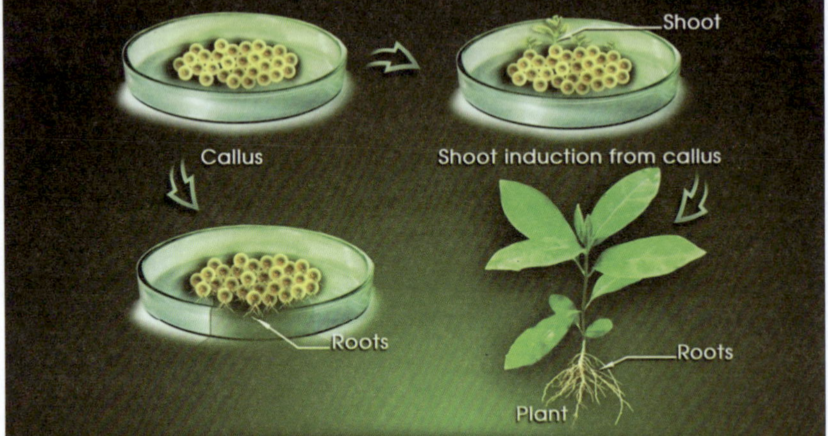

Fig. 5.1 Organogenesis

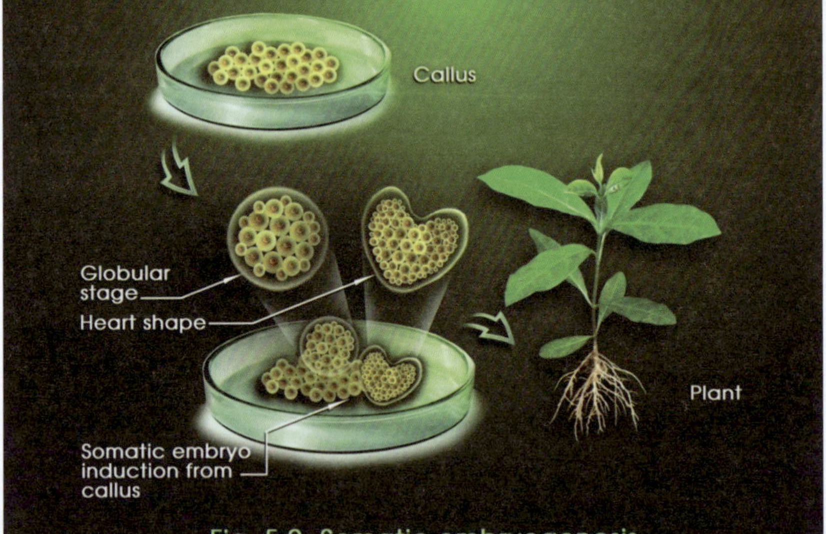

Fig. 5.2 Somatic embryogenesis

5.1.1 एक्सप्लांट (उच्छेदित पादप भाग) : एक्सप्लांट के स्त्रोत पादपों की कार्यिकी, वृद्धि की अवस्था व उनमें उपस्थित जीन आदि भी अंग जनन को प्रभावित करते हैं।

अध्याय-5

अंग एवं कायिक भ्रूण जनन (Organogenesis and somatic embryogenesis)

पादप काय की विभेदित कायिक कोशिकाओं (ऊतकों व अंगों) को अविभेदित कोशिकाओं (callus) में परिवर्तित किया जा सकता है। अविभेदित कायिक कोशिकाओं से संश्लेषित माध्यम पर पुन: अंगों या कायिक भ्रूणों का पुनर्जनन किया जा सकता है।

अंग जनन (organogenesis) : अंग जनन एक ध्रुवीय होता है इसमें कोशिकाओं का विभेदन एक दिशा में होता है। कैलस कोशिकाओं से प्ररोह व प्ररोह में मूल विभेदन द्वारा पुन: नये पौधे पुनर्जनित किये जाते हैं (Fig. 5.1)। अंग जनन में सम्मिलित कोशिकाएं कैलस कोशिकाओं से जुड़ी रहती है।

कायिक भ्रूणजनन (somatic embryogenesis) : इसमें कोशिकाओं का विभेदन पूर्व निर्धारित मूल व प्ररोह ध्रुव द्वारा (root & shoot primordia) होता है (Fig. 5.2)।

5.1 अंग जनन (Organogenesis)

कैलस संवर्धन से प्ररोह व मूल का जनन सर्वप्रथम मिलर व स्कूग (1957) ने प्रदर्शित किया। उन्होंने प्रयोगों द्वारा सिद्ध किया कि ऑक्सिन व साइटोकाइनिन का परस्पर अनुपात ही कैलस से प्ररोह या मूल बनाने को प्रेरित करता है। इसके अतिरिक्त एक्सप्लांट कोशिकाओं की संवेदनशीलता, कोशिकाओं की वृद्धि नियंत्रकों के निर्माण की क्षमता, पादप नियंत्रकों के प्रकार, क्रिया विधि आदि अंग जनन को प्रभावित करते हैं। संवर्धन की भौतिक अवस्थाएँ व रासायनिक कारक भी अंग जनन को प्रभावित करते हैं।

5.2.2 कायिक भ्रूण जनन को प्रभावित करने वाले कारक (Factors effecting somatic embryogenesis)

5.2.2.1 संरचनात्मक (Structural): असममित कोशिका विभाजन (assymetric cell division) व ध्रुवता (polarity) से पूर्व भ्रूण जनक समूह (proembryogenic mass PEM) का संगठन होता है। माइक्रोट्यूबूल (microtubule) का पुनर्संगठन व कैलोस (callose) का निक्षेपण, प्लाज्मोडेस्मेटा (plasmodesmata) की कमी से भौतिक पृथक्करण (physical isolation) प्राथमिक संरचनात्मक परिवर्तन हैं जो कायिक भ्रूणजनन में सहायक हैं।

5.2.2.2 कार्यिकी कारण (Physiological factors): पादप वृद्धि नियंत्रकों की उच्च सांद्रता कायिक भ्रूण जनन को व निम्न सांद्रता परिवर्धन को प्रेरित करते हैं। बीएपी (BAP) व 2, 4–डी (2,4–D) पादप वृद्धि नियंत्रक हैं जो कायिक भ्रूण जनन को प्रेरित करते हैं। उच्च परासरणीय तनाव (osmotic stress) जैसे उच्च सुक्रोज व लवण की सांद्रता प्रेरक कारक हैं।

5.2.2.3 जीन अभिव्यक्ति (gene expression): बीज संग्रहण प्रोटीन (seed storage protein) व डीएनए बंधकी प्रोटीन (DNA binding protein) व लीआ (late embryo abundant–LEA) प्रोटीन से सम्बन्धित जीनों की अभिव्यक्ति बढ़ जाती है। इतर कोशिकीय प्रोटीन (extra cellular proteins) ई पी 1, 2, 3 (EP 1, 2, 3) कायिक भ्रूणजनन को प्रभावित करती है। ऐरेबिनोगेलेक्टो प्रोटीन (AGP) व सेलिसाइलेट (SA) कायिक भ्रूणजनन को प्रोत्साहित करते हैं।

5.2.2.4 आण्विक संकेतक (molecular markers): जीन अभिव्यक्ति में परिवर्तन से भ्रूण विशेषित प्रोटीन व एन्जाइम का अधिक मात्रा में निर्माण होता है जैसे– एस्टीरेज आइसोजाइम (esterase isozyme), एसिड फॉस्फेटेज (acid phosphatase) व कायिक भ्रूणजनन ग्राही जैसे– काइनेज (somatic embryo genesis resceptor like kinase–SERK), अतिरिक्त कोशिकीय प्रोटीन (extra cellular protein–EPs) व कोशिका भित्ति संबंधित प्रोटीन जैसे– एरेबिनोगेलेकटन प्रोटीन (AGPs) का निर्माण कायिक भ्रूण जनन के लिए आवश्यक है व इन्हें कायिक भ्रूणजनन के आण्विक चिन्हों के रूप में पहचाना जाता है।

5.2.2.5 परिपक्वन (maturation): भ्रूण विशेषित संग्रहित भोज्य पदार्थ व प्रोटीन जो भ्रूण को निर्जलीकरण से भी बचाते हैं; परिपक्वन व परिवर्धन में सहायक होते हैं। एबसिसिक अम्ल (ABA) अकाल पक्वता को रोकता है एवं कायिक भ्रूण के सामान्य विकास में सहायता करता है। तापमान का आघात व पोषण की कमी व सूक्रोज की अधिकता भी परिपक्वन में सहायक होती है।

5.3 कृत्रिम बीज (Synthetic seeds)

अनावेशित कायिक भ्रूण को सूक्ष्म जीवों एवं अन्य भौतिक एवं रासायनिक क्रियाओं से बचाने के लिए भ्रूण के चारों ओर कृत्रिम आवरण का निर्माण किया जाता है। इस प्रकार से निर्मित कृत्रिम बीज जाइगोटिक भ्रूण की तरह नये पौधे को उत्पन्न करने में सक्षम होते हैं।

5.3.1 कृत्रिम आवरण बनाने की विधि (Fig. 5.3): कृत्रिम आवरण के लिए विभिन्न श्लेष्मी (gel) पदार्थों का उपयोग किया जाता है।

1. तरल माध्यम में कायिक भ्रूण का निर्माण किया जाता है।
2. कायिक भ्रूण को सोडियम एलजिनेट (sodium alginate) विलयन में कुछ समय के लिए रखा जाता है।
3. कायिक भ्रूण को अब कैल्सियम नाइट्रेट विलयन में रखा जाता है जिससे कायिक भ्रूण पूर्णतः कैल्सियम एलजिनेट से आवेशित हो जाता है।
4. इस प्रकार निर्मित कृत्रिम बीजों को मृदा में उगाया जा सकता है।

कृत्रिम बीज (synthetic seeds) जलयोजित (hydrated) एवं निर्जलीकृत (desiccated) प्रकार के होते हैं,

5.3.1.1 जलयोजित (hydrated): कायिक भ्रूण को सोडियम एल्जिनेट (Na-alginate) के साथ मिलाकर नलिका (pipette) से बूंदो को कैल्शियम नाइट्रेट ($Ca(NO_3)_2$) के विलयन में गिराया जाता है। कैल्शियम एल्जिनेट (Cal–alginate) परत कायिक भ्रूण (SE) के चारों तरफ निर्मित हो जाती है।

5.3.1.2 निर्जलीकृत (desiccated): भ्रूण निलंबन (suspension) व पॉलीऑक्स (polyox) को मिलाकर पिपेट (pipette) से 0.2 मिली की बूंदे टेफलॉन सीट पर गिराकर लेमिनार बेन्च पर सुखाई जाती है। इनमें 10.15 % जल की मात्रा होती है।

Fig. 5.3 Synthetic seed formation and germination

5.3.2 कृत्रिम बीजों का महत्व

1. कृत्रिम बीज निर्माण विधि में वर्षभर कम समय में बहुतायत में क्लोन तैयार किये जा सकते हैं।
2. कृत्रिम बीज निर्माण विधि मौसम से प्रभावित नहीं होती है।
3. पौधे के जीवन चक्र को इस विधि से कम किया जा सकता है।
4. बहुतायत में रोग मुक्त पौधे तैयार किये जा सकते हैं।

5.4 कायक्लोनीय विभिन्नताएँ (Somaclonal variation)

ऊतक संवर्धन (cell culture) से पुनर्जनित पादपों में वंशानुगत (heritable) परिवर्तनों को कायक्लोनिय विभिन्नताएँ कहते हैं। पूर्व में कोशिका व ऊतक संवर्धन से अंगजनन (organo genesis) व भ्रूणजनन (embryogenesis) को क्लोनिंग का तीव्र स्त्रोत माना जाता था लेकिन ऊतक संवर्धन से पुनर्जनित गन्ने के पौधों में ह्नींज व मी (Heinz and Mee, 1971) ने आकारिकी परिवर्तनों का अवलोकन किया। कालांतर में यही कायक्लोनीय विभिन्नाताएँ पादप सुधार (plant improvement) में लाभदायक भी सिद्ध हुई। गन्ने में कवक व वाइरस के प्रति प्रतिरोधक (variant) प्राप्त किए। आनुवंशिक गुणभेद (variant) जो ऊतक संवर्धन के दौरान उत्पन्न हुए इन विभिन्नताओं को विभिन्न प्रकार से परिभाषित किया गया। कैलस से उत्पन्न विभिन्नताओं को कैलिक्लोन (Skirvin, 1978) जीवद्रव्यक से उत्पन्न विभिन्नताएँ को प्रोटोक्लोन (Shephard, 1981) नाम दिया गया। लार्किन (Larkin, 1981) ने ऊतक संवर्धन के दौरान उत्पन्न विभिन्नताओं को एक सामान्य पारिभाषिक शब्द कायक्लोनीय विभिन्नताएँ (somaclonal variation) नाम दिया। ईवान्स (Evan, 1984) ने युग्मक (gamete) से उत्पन्न विभिन्नताओं को युग्मकीयक्लोन (gameto clone) नाम दिया।

5.4.1 कायक्लोनीय विभिन्नताओं के कारक

संवर्धन माध्यम की वातावरणीय परिस्थितयों में अनुकूलनता (adaptability) के दौरान विभिन्न प्रकार के आनुवंशिक व अनुजनक (epigenetic changes) परिवर्तन होते हैं। लम्बी अवधि के संवर्धन व पादप वृद्धि नियंत्रकों (plant growth regulators) की उच्च सांद्रता व भौतिक अवस्थाएँ जैसे– तरल संवर्धन आदि कायक्लोनीय विभिन्नताओं के मुख्य कारण है।

5.4.2 कायक्लोनीय विभिन्नताओं के अंतर्निहित कारण (inherent cause)

डीएनए व गुणसुत्रों की संरचनाओं व गुणन में परिवर्तन कायक्लोनीय विभिन्नताओं के सूत्रधार हैं। डीएनए द्विगुणन (duplication) अन्त:पुनर्द्विगुणन (endoreduplication) के कारण कायिक कोशिकाओं में बहुगुणिता (poly-ploidization) उत्पन्न होती है। सिस्टर क्रोमेटिड (sister chromatid) आदान-प्रदान से भी विभिन्नताएँ उत्पन्न होती हैं।

5.4.3 कायक्लोनीय विभिन्नताओं द्वारा उत्पन्न उन्नत किस्में

गन्ना (Sugar cane): उच्च पैदावार (high yield), कवक के आईस्पोट (eyespot disease) रोग, वाइरस के फिजी रोग (Fiji disease) व डाऊनी मिल्डयू (downy mildew) रोग की प्रतिरोधी किस्में उत्पन्न की गई।

आलू (Potato): उच्च पैदावार, ट्यूबर आकार (tuber shape) व रंग की किस्में एवं कवक के लेट व अर्ली बलाइट (late & early blight) रोगों की प्रतिरोधक (resistant) किस्में उत्पन्न की गई।

केला (Banana): केले में *फ्यूजेरियम* की प्रतिरोधक किस्में उत्पन्न की गई।

चावल (Rice): बीज जीवनक्षमता (seed viability) लम्बाई व शाखाओं (tillering) से संबंधित उच्च किस्में पैदा की गई।

अध्याय-6

सूक्ष्मप्रवर्धन
(Micropropagation)

इस विधि में कम समय व सीमित स्थान (परखनली, फ्लास्क) में बहुतायत में पौधों का गुणन वर्षभर किया जा सकता है। कोशिका (कायिक भ्रूण व अंग जनन) या प्ररोह संवर्धन से सम्पूर्ण पादप का पुनर्जनन विभिन्न अवस्थाओं से पूर्ण होता है।

अवस्था-1 : रोगाणुरहित संवर्धन की स्थापना।

अवस्था-2 : प्ररोहों या कायिक भ्रूणों का गुणन।

अवस्था-3 : कांच पात्रों में उत्पादित प्ररोहकों में मूलों का प्रेरण।

अवस्था-4 : प्रयोगशाला में पुनर्जनित पौधों को ग्रीन हाउस में अनुकूलित कर प्राकृतिक मृदा में स्थानान्तरण।

डेबर्ग एवं मीन (Debergh and Maene, 1981) ने सूक्ष्मप्रवर्धन की शून्य '0' (Zero) अवस्था प्रतिपादित की जिसमें एक्सप्लांट के स्त्रोत पौधों को ग्रीन हाउस में उगाया जाता है, ताकि पौधे अधिक स्वस्थ एवं संदूषण मुक्त (contamination free) रहें।

6.1 अवस्था 1 : रोगाणुरहित संवर्धन का प्रारम्भ

6.1.1 एक्सप्लांट : अक्षीय प्ररोह निर्गाण के लिए कक्षीय कलिका व वाइरस मुक्त पौधे बनाने के लिए अग्रस्थ प्ररोह विभज्योतक (apical shoot meristem) का उपयोग किया जाता है।

6.1.2 रोगाणुमुक्ति : एक्सप्लांट को संवर्धन माध्यम में संरोपण से पूर्व एक्सप्लांट के पृष्ठ पर मौजूद रोगाणुओं का निष्कासन आवश्यक है। एक्सप्लांट को सोडियम हाइपोक्लोराइट (2%, 5-30 मिनट) या मरक्यूरिक क्लोराइड (0.1-1%, 2-10 मिनट) से उपचारित कर इसे ओटोक्लेव किये जल से 4-5 बार धो लेते हैं,

ताकि पृष्ठ पर मौजूद रोगाणुनाशक पृथक्क किये जा सकें। पृष्ठीय रोगाणुमुक्ति के लिए विभिन्न प्रकार के रोगाणुनाशी प्रयोग में लिए जाते है।

6.2 अवस्था 2 : प्ररोहों या कायिक भ्रूणों का गुणन

6.2.1 कैलस द्वारा : कैलस कोशिकओं के विभेदन से प्ररोह जनन किया जाता है एवं प्ररोहण में मूलों के जनन से सम्पूर्ण पादप तैयार किये जाते हैं। कैलस कोशिकाओं के भ्रूण जनन से भी पूर्ण पौधों का पुनर्जनन किया जा सकता है।

6.2.2 कक्षीय कलिकाओं के प्रेरण से : साइटोकाइनिन (1–2 mgl^{-1}) व ऑक्सिन (0.1–0.2 mgl^{-1}) के उपयोग से कक्षस्थ कलिका के उत्प्रेरण से अक्षीय प्ररोहों का उत्पादन (Fig. 6.1) किया जाता है।

6.3 अवस्था 3 : कांच पात्रों में उत्पन्न प्ररोहों में मूलों का निर्माण

अक्षीय प्ररोहो में मूलों के प्रेरण (Fig. 6.2) से नव पौध का उत्पादन किया जाता है। अक्षीय प्ररोहों में मूल प्रेरण (induction) के लिए इन्डोल ब्यूटारिक अम्ल व नेथॉक्सि एसिटिक अम्ल (IBA, NOA) का उपयोग किया जाता है।

6.3.1 काँच पात्र में मूल उत्प्रेरण (*in vitro* root induction) : संवर्धन माध्यम में उत्पन्न अक्षीय प्ररोहों (axillary shoots) को एक्सप्लांट से पृथक्क कर आधी सान्द्रता (strength) के एम एस माध्यम (MS medium) में संरोपित किया जाता है। इस माध्यम में मूल उत्प्रेरण करने वाले ऑक्सिन (NOA, IBA, NAA, IAA) व सक्रिय चारकोल (activated charcoal) मिलाया जाता है।

6.3.2 काँच पात्र के बाहर (*ex vitro*) मूल प्रेरण : काँच पात्रों में उत्पन्न किये गए अक्षीय प्ररोहों को मूल उत्प्रेरण करने वाले ऑक्सिन की उच्च सान्द्रता से कम समय के लिए उपचारित (pulse treatment) किया जाता है, तत्पश्चात् इसे कांच की बोतलों में भरे कृत्रिम मृदा (soilrite) में संरोपित कर दिया जाता है । इस सोइलराइट (soilrite) को एक चौथाई एमएस लवणों (MS salts) के छिड़काव (spray) से नम किया जाता है।

अब इन संवर्धन बोतलों को ग्रीन हाउस (green house) में स्थानान्तरित किया जाता है। इस विधि में मूल उत्प्रेरण व पर्यनुकूलन (acclimatization) एक साथ हो जाता है। मूल उत्प्रेरण के पश्चात् पौधों को साधारण मृदा में स्थानान्तरित कर दिया जाता है।

Fig. 6.1 Activation of axillary shootbud from nodal shoot segment

Fig. 6.2 Induction of *in vitro* rooting from *in vitro* produced shoot

6.4 अवस्था 4 : प्रतिरोपण (Transplantation)

ग्रीन हाउस में ऊतक संवर्धन विधि से पुनर्जनित पौधों के पर्यनुकूलन (acclimatization) को 'परिपक्वन' (hardening) कहा जाता है। तत्पश्चात् मृदा पर स्थानान्तरित किया जाता है। इसके दौरान पौधों को 'नोप' के विलयन या एमएस माध्यम (Murshige & Skoog, 1962) के लवणों की अर्द्ध (1/2) या एक चौथाई (1/4) सांद्रता से सिंचित किया जाता है। ग्रीन हाउस (काँच गृह) में पौधों को धीरे-धीरे अधिक आर्द्रता व कम तापमान से कम आर्द्रता व अधिक तापमान की तरफ स्थानान्तरित किया जाता है।

6.5 सूक्ष्मप्रर्वधन से पादप पुनर्जनन के दौरान अवांछिक प्रभाव

प्रयोगशाला में सूक्ष्मप्रर्वधन से पादप पुनर्जनन के दौरान विभिन्न अवस्थाओं में कुछ अवांछिक प्रभाव इस विधि में निरोधक हो सकते हैं, जैसे-

1. अतिजलयोजन (hyperhydration)
2. असामान्य प्ररोह (off–types)
3. संदूषण (contamination)
4. ऑक्सीकरण जनित भूरापन (oxidative browning)
5. एक्सप्लांट की कम प्रतिक्रिया व स्त्रोत पादपों की परिपक्वता।

अध्याय-7

जीवद्रव्यक पृथक्करण व संवर्धन (Protoplast isolation and culture)

कोशिका भित्ति रहित पादप कोशिका को जीवद्रव्यक (protoplast) कहते हैं। क्लेरकर (Klercker) ने 1892 में जीवद्रव्यक (protoplast) पृथक्करण की शुरूआत की थी। कोकिंग (Cocking, 1960) ने एन्जाइम से जीवद्रव्यक पृथक्करण की संभावना व्यक्त की। पृथक्कृत पादप जीवद्रव्यक, कोशिकांगों के पृथक्करण, प्लाज्मा झिल्ली (plasma membrane) के कार्यिकी अन्वेषण (physiological investigation) व कोशिका भित्ति पुनर्जनन (cell wall regeneration) के लिए प्रायोगिक सामग्री (experimental material) के तौर पर उपयोग किया जाता है। नगाटा व टेकेबे (Nagata and Takebe, 1971) ने पृथक्कृत जीवद्रव्यक की पूर्णशक्तता (totipotency) को प्रदर्शित किया। इसके अलावा इसका उपयोग कायिक संकर (somatic hybrids) के निर्माण में भी किया जाता है।

7.1 जीवद्रव्यक पृथक्करण विधियाँ

जीवद्रव्यक पृथक्करण की दो विधियाँ हैं- यांत्रिक (Mechanical व एन्जाइमेटिक (Enzymatic)।

7.1.1 यांत्रिक (Mechanical) : पादप कोशिकाओं को अधिक सांद्र तरल में रखकर जीवद्रव्यक (protoplast) संकुचित कर लिया जाता है तत्पश्चात् तीखे ब्लेड से कोशिकाओं की भित्ति को काटकर प्रोटोप्लास्ट मुक्त किये जाते हैं (Fig. 7.1)।

7.1.2 एन्जाइमेटिक (Enzymatic) : सेल्यूलेज (cellulase) व पेक्टिनेज (pectinase) एन्जाइम सेल्यूलोज व पेक्टिन को घुलनीय (digest) बना देते हैं एवं जीवद्रव्यक (protoplast) मुक्त हो जाते हैं।

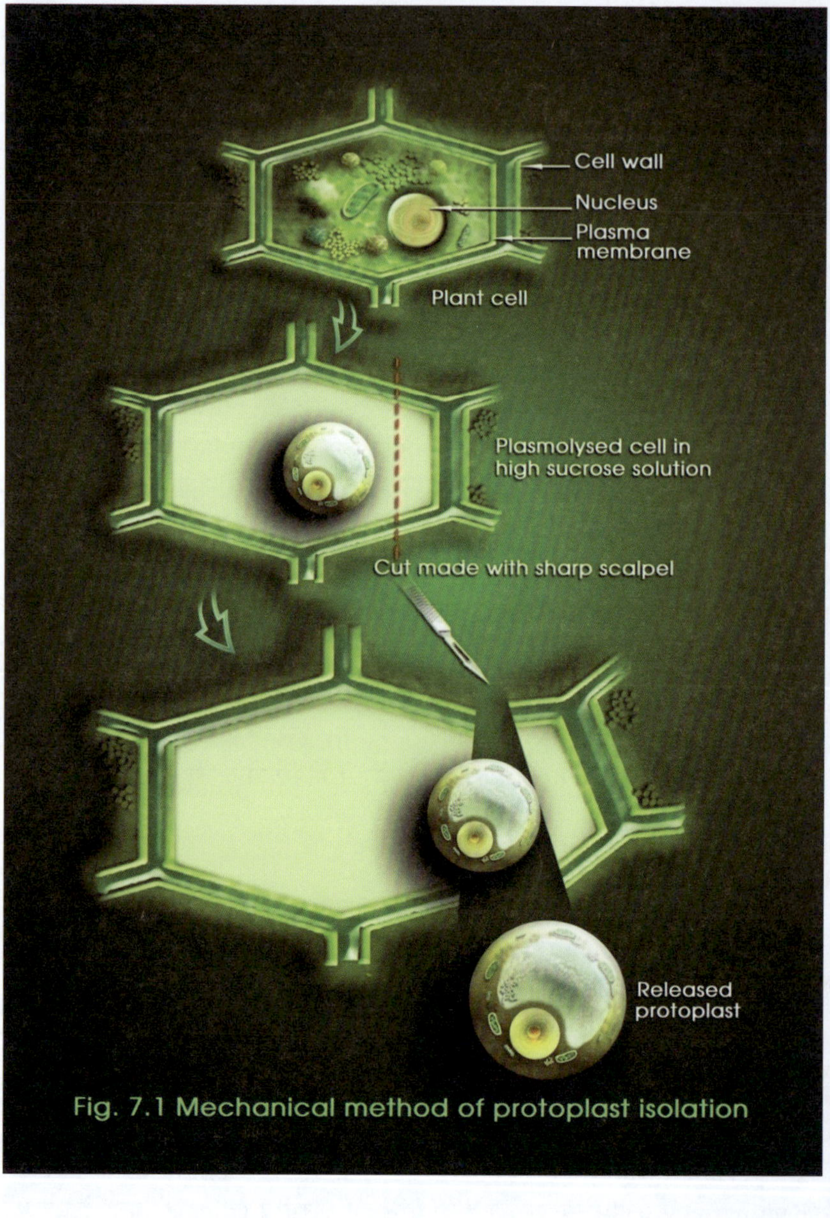

Fig. 7.1 Mechanical method of protoplast isolation

7.2 जीवद्रव्यक पृथक्करण (Protoplast isolation)

7.2.1 पृथक्करण

पादप पत्तियों को जीवद्रव्यक (protoplast) पृथक्करण का उपयुक्त स्त्रोत माना जाता है। लेकिन पत्तियों से जीवद्रव्यक पृथक्करण के लिए निचली अधिचर्म का विच्छेद (peeling) करने में कठिनाई आती है व पत्तियों का पृष्ठीय विसंक्रमण आवश्यक होता है। इसलिए संवर्धन माध्यम में उत्पादित प्ररोह को जीवद्रव्यक पृथक्करण के लिए उपयुक्त माना जाता है। क्योंकि इनमें क्यूटिकल की पतली परत होती है व पृष्ठीय विसंक्रमण की आवश्यकता नहीं होती है। इसके अलावा सक्रिय वृद्धि करने वाले कोशिका प्लावित (cell supension) संवर्धन को भी जीवद्रव्यक पृथक्करण में सर्वोच्च स्त्रोत माना जाता है।

7.2.2 शुद्धिकरण (purification) **:** कोशिका भित्ति के टूटने से कई प्रकार के अवशेष बचते हैं जिन्हें जीवद्रव्यकों (protoplast) से अलग किया जाता है। इसके पश्चात् इसको अपकेन्द्रित (centrifuge) कर घुले हुए अवशेषों को जीवद्रव्यक (protoplast) से अलग कर लिया जाता है।

7.2.3 रखरखाव (maintenance) **:** पृथक्कृत जीवद्रव्यक (protoplast) को परासरणी स्थिरीकारी (osmoticum) की मौजूदगी में रखा जाता है ताकि इनको फटने या संकुचन से बचाया जा सके। सोरबिटॉल (sorbitol), मेनिटॉल (mannitol), ग्लूकोज (glucose) व फ्रुक्टोज (fructose) प्रमुख परासरणी स्थिरीकारक हैं।

7.2.4 जीवक्षमता परीक्षण (viability test) **:**

7.2.4.1 फ्लुऑरिसीन डाइएसिटेट (fluorescein diacetate) से उपचारित जीवद्रव्यक (protoplast) का हरा रंग जीवितता को प्रदर्शित करता है।

7.2.4.2 इवान नीला रंजक (Evan's blue dye) से उपचारित रंगहीन जीवद्रव्यक (protoplast) जीवनक्षम होता है।

7.2.5 जीवद्रव्यक संलयन (fusion) **विधियाँ**

कस्टर (Kuster, 1909) ने जीवद्रव्यकों के स्वत: (spontaneous) संलयन को प्रदर्शित किया। पॉवर (Power, 1970) ने सोडियम नाइट्रेट ($NaNO_3$) द्वारा जीवद्रव्यक संलयन प्रदर्शित किया। कार्लसन (Carlson, 1972) ने सोडियम नाइट्रेट ($NaNO_3$) का उपयोग कर तम्बाकू की दो प्रजातियों में प्रथम कायिक संकरण प्राप्त किया। केलर व मेल्चर्स (Keller and Melchers, 1973) ने उच्च पीएच व

कैल्सियम आयन से व काओ एवं मिचयालुक (Kao and Michayluk, 1974) ने पेग (Poly Ethylene Glycol) से जीवद्रव्यक संलयन प्रदर्शित किया। मेल्चर्स (Melchers, 1978) ने आलू व टमाटर के जीवद्रव्यक संलयन से प्रथम अंतरवंशीय (intergeneric) संकर उत्पन्न किया। जीवद्रव्यकों का वैद्युतिक संलयन सर्वप्रथम सेंडा (Senda, 1979) ने प्रदर्शित किया। जिमरमान (Zimmermann, 1982) ने ''वैद्युतिकसंलयन तंत्र'' (electrofusion system) का विकास किया।

7.2.6 जीवद्रव्यक संलयन क्रियाविधि (Protoplast fusion mechanism)

दो प्लाज्मा झिल्लियों (झिल्ली) के संलयन के लिए जीवद्रव्यक कम से कम 10 एंगस्ट्रम (10Å) एक दूसरे के नजदीक हो। पादप जीवद्रव्यक का पृष्ठ ऋणात्मक आवेश (negative surface charge) युक्त होता है। समान आवेश के कारण दो जीवद्रव्यक नजदीक नहीं आ पाते हैं व संलयन असंभव होता है। उच्च पीएच व कैल्सियम आयन (Ca) जीवद्रव्यक पृष्ठ के आवेश को निष्क्रिय कर देते हैं जो जीवद्रव्यकों के बीच की दूरी को कम कर जीवद्रव्यक संलयन (Fig. 7.2) को प्रेरित करते हैं। उच्च तापमान झिल्ली के लिपिड अणुओं को अस्त-व्यस्त (perturb) कर देते हैं जो संलयन में सहायक होता है। पॉलीइथाइलीन ग्लाइकॉल (PEG) को तरल संवर्धन माध्यम में जीवद्रव्यक के साथ मिलाया जाता है, जिससे जीवद्रव्यक पास-पास आ जाते है व उनकी कोशिका झिल्ली संलायित हो जाती है। जिमरमान (Zimmermann, 1981) ने उच्च वैद्युत को नैनोसेकण्ड के प्रवाह से जीवद्रव्यक संलयन में सफलता प्राप्त की।

7.3 साइब्रिड (Cybrid)

प्रोटोप्लास्ट संलयन विधि से दो पौधों के कोशिका द्रव्यों (क्लोरोप्लास्ट व माइटोक्रांड्रिया) में स्थित लाभदायक वांछित जीनों को एक ही कोशिका द्रव्य में लाया जा सकता है इसे साइब्रिड (cybrid) कहते है। इसमें एक कोशिका का केन्द्रक व कोशिका द्रव्य और दूसरी कोशिका के वांछित कोशिका द्रव्य का संलयन कराया जाता है (Fig. 7.3)।

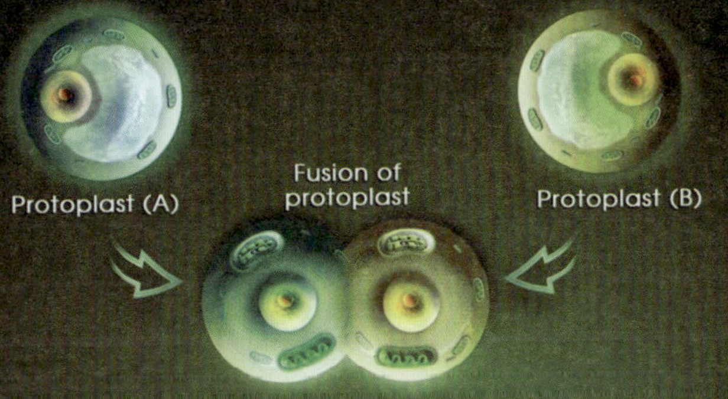

Fig. 7.2 Protoplast fusion

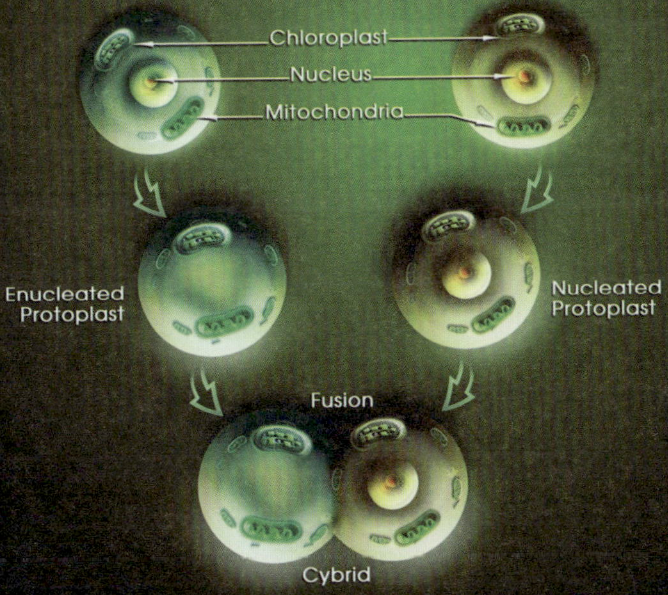

Fig. 7.3 Cybrid formation

7.4 जीवद्रव्यक संवर्धन व पादप पुनर्जनन (Protoplast culture and plant regeneration)

7.4.1 सूक्ष्म प्रकोष्ठ (microchamber) : जीवद्रव्यक व संवर्धन माध्यम को कवर स्लिप पर लगा देते हैं। इस कवर स्लिप को स्लाइड पर रखी प्लास्टिक रिंग पर उलटा रख देते हैं ताकि जीवद्रव्यक (protoplast) को सूक्ष्म प्रकोष्ठ मिल सके (Fig. 7.4)।

7.4.2 झूलती बूँद संवर्धन (hanging drop) : विशेष प्रकार से निर्मित गड्ढे युक्त स्लाइड के गड्ढे में जीवद्रव्यक व संवर्धन माध्यम चिपका देते हैं। इस स्लाइड को उलटा कर दूसरी साधारण स्लाइड पर रख देते हैं। जिससे गड्ढे में स्थित जीवद्रव्यक झूलती अवस्था में रहता है (Fig. 7.5)।

7.4.3 पादप पुनर्जनन : विभाजन से पूर्व जीवद्रव्यक (protoplast) के चारों ओर भित्ति का निर्माण होता है। टेकेबे (Takebe) ने 1971 में *निकोशिआना टेबेकम* में सर्वप्रथम पृथक्कृत प्रोटोप्लास्ट से सम्पूर्ण पादप प्राप्त किया था। कोशिका भित्ति पुनर्जनन शुरूआत की केल्कोलोर व्हाइट (calcofluor white–CFW) से जांच की जा सकती है। भित्ति निर्माण को सफेद फ्लोरोसेंस (fluorescence) रिंग के रूप में देखा जा सकता है।

7.5 प्रोटोप्लास्ट की उपयोगिताएँ (Applications of protoplast)

1. कोशिका भित्ति निर्माण अध्ययन
2. कोशिकांग पृथक्करण में (cell organelles isolation)
3. वाइरस संक्रमण (infection)अध्ययन
4. जीन स्थानान्तरण (gene transfer)
5. कायिक संकरण (hybrids) निर्माण में।

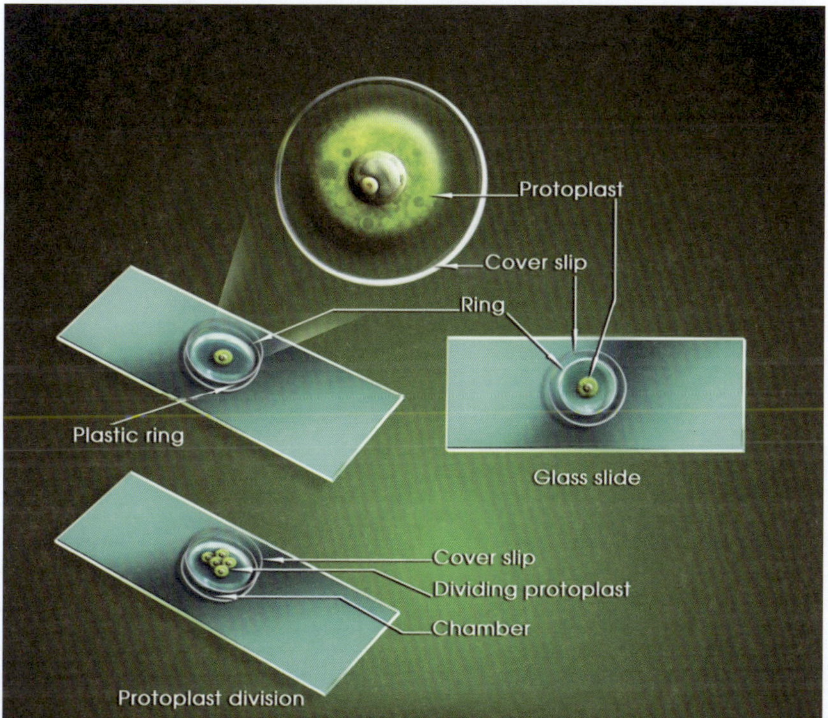

Fig. 7.4 Protoplast culture in microchamber

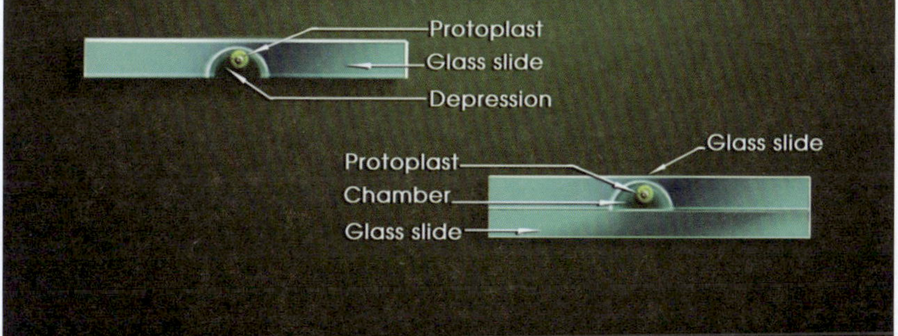

Fig. 7.5 Protoplast culture in hanging drop

अध्याय-8

ऊतक संवर्धन द्वारा द्वितीयक उपापचयी निर्माण

(Production of secondary metabolites by tissue culture)

प्राथमिक उपापचयन (primary metabolic) क्रियाओं के उप-उत्पादों (by products) से द्वितीयक उपापचयी (secondary metabolites) निर्माण होता है, जैसे- एल्केलॉयड, स्टीरॉयड, टर्पीनॉयड, एन्थोसाइनिन, एन्थ्राक्विनोनस, रेजिन व टेनिन। ये प्राकृतिक यौगिक, पादपों की विशिष्ट कोशिकाओं ऊतकों, अंगों व सम्पूर्ण पादप काय में निर्मित होते हैं। पादपों द्वारा उत्पन्न प्राकृतिक यौगिकों का उपयोग औषधी, पोषण व सौंदर्य प्रसाधनों के निर्माण में किया जाता है। करीब 1950-1960 के दौरान यह विचार व्यक्त किया गया कि द्वितीयक उपापचयी (secondary metabolites) निर्माण में ऊतक संवर्धन को एक विकल्प के रूप में लिया जा सकता है एवं इनका निर्माण जैवरिएक्टर में औद्योगिक स्तर पर किया जा सकता है। ऊतक संवर्धन द्वारा नियंत्रित परिस्थितियों में संक्रमण मुक्त एवं माध्यम में अंतिम उत्पाद के पूर्वगामी (precurssor) एवं उत्पाद व पूर्वगामी (precurssor) के बीच प्रयुक्त होने वाले एन्जाइम को मिलाकर एवं अधिक उत्पादन करने वाली विशेष कोशिकाओं का चयन कर अधिक उत्पादन (औद्योगिक उत्पादन) किया जा सकता है।

8.1 कोशिका निलंबन संवर्धन (Cell Suspension Culture)

पादप कोशिका को विलगित (isolated) अवस्था में संवर्धन के लिए तरल संवर्धन माध्यम का उपयोग किया जाता है। कोशिकाओं की वृद्धि व विभेदन के अध्ययन के लिए तरल संवर्धन उपयुक्त विधि है, इसमें सभी कोशिकाएँ अलग-अलग रहती है व माध्यम व वातावरणीय कारकों से परोक्ष रूप में सम्पर्क में रहती है। कैलस

को निलंबन संवर्धन का उपयुक्त स्रोत माना जाता है। कैलस को तरल संवर्धन में स्थानान्तरित कर ऑरबिटल शेकर (orbital shaker) पर एक समान गति से वर्तुल हिलाया जाता है।कोशिकाओं को अलग-अलग (disperse) रखने के लिए ऑक्सिन की सान्द्रता बढ़ायी जाती है या कम सान्द्रता के सेल्यूलेज व पेक्टिनेज (cellulase and pectinase) इन्जाइम मिलाये जाते हैं।

फाइजर (Pfizer) कम्पनी ने पौधों की कोशिकाओं को तरल माध्यम में संवर्धन कर प्राकृतिक पादप उत्पादों के निर्माण के प्रयास किये। कोशिका संवर्धन की तुलना में मूलों के संवर्धन से बेहतर प्राकृतिक उत्पादों का निर्माण होता है (जो सामान्यतया मूलों में निर्मित होते हैं)। इसलिए *एग्रोबैक्टिरियम* (*Agrobacterium rhizogenes*) जीवाणु से रूपान्तरित रोमिल जड़ों (hairy root) का संवर्धन मूलों में निर्मित प्राकृतिक यौगिकों के निर्माण की एक सक्षम विधि के रूप किया जाने लगा।

जापान की मित्सुई (Mitsui) कम्पनी ने सर्वप्रथम 1983 में *लिथोस्पर्मम* (*Lithospermum erythrorhizon*) पौधे की कोशिका संवर्धन से प्राकृतिक रंजन (colouring substance) शिकोनिन का व्यापारिक स्तर पर उत्पादन किया।

जैवरिएक्टर (Bioreactor)

काँच या स्टील का पात्र (vessel) जिसमें जीवों की कोशिकाओं या अंगो का संवर्धन किया जाता है। इसमें पीएच (pH) तापमान व ऑक्सीजन को नियंत्रित रखा जाता है एवं शुद्ध माध्यम मिलाने व उपयोग हुए माध्यम को निकालने की व्यवस्था रहती है।

8.2 द्वितीयक उपापचयी (Secondary metabolites) निर्माण विधियाँ

1. मुक्त प्लावित कोशिका संवर्धन (suspension culture)
2. गतिहीन कोशिका संवर्धन (immobilized cell)

8.2.1 मुक्त प्लावित कोशिका संवर्धन (Suspension culture)

माध्यम व कोशिकाओं को घुलित (प्लावित) अवस्था में रखने के लिए विभिन्न विधियाँ अपनायी जाती है।

8.2.1.1 विलोडक (stirred) **टैंक :** इसमें कोशिकाओं को यांत्रिक विधि से प्लावित रखा जाता है (Fig. 8.1)।

Fig. 8.1 Stirred tank

Fig. 8.2 Bubble column

Fig. 8.3 Air lift

Fig. 8.4 Rotating drum

8.2.1.2 बुलबुला स्तम्भ (bubble–column) : आधार से पतली नलिकाओं से वायु प्रवाहित की जाती है (Fig. 8.2)।

8.2.1.3 वायु उत्थापक (air–lift) : आधार से अधिक दबाव से वायु प्रवाहन (Fig. 8.3)।

8.2.1.4 परिक्रमणिय ड्रम (rotating drum) : ड्रम को मोटर से घुमाया जाता है (Fig. 8.4)।

मुक्त प्लावित कोशिकाओं का संवर्धन दो प्रकार से किया जा सकता है–

अ. **एक स्तरीय** : इसमें कोशिका वृद्धि व उत्पादन एक ही पात्र (bioreactor) में होता है।

ब. **दो स्तरीय** : एक स्तर पर कोशिकाओं की वृद्धि होती है दूसरे स्तर (माध्यम) पर उत्पादन होता है।

8.2.2 गतिहीन कोशिका संवर्धन (Immobilized cell)

निलंबन संवर्धन के दौरान यह पाया कि जो कोशिकाएँ संवर्धन पात्र की दीवारों पर स्थिर थी उनमें द्वितीयक उपापचयकों का संश्लेषण गतिशील कोशिकाओं की तुलना में अधिक मात्रा में होता है। इसलिए कोशिकाओं के लघु समूहों को तरल संवर्धन में गतिहीन (स्थिर) रखने के लिए विभिन्न विधियों का उपयोग किया जाने लगा।

8.2.2.1 सूक्ष्म बून्द गतिहीनता (Cell entrapment) : कोशिकाओं को अक्रिय जेल, कैल्सियम एल्जिनेट, रेजिन या झाग (gel, Ca–alginate, resin or foam) की सूक्ष्म बून्दों में फँसाकर गतिहीन रखा जाता है (Fig. 8.5)।

8.2.2.2 पृष्ठीय गतिहीनता (Surface immobilization) : इसमें कोशिकाओं को ग्लास या स्टील की पतली छड़ों पर स्थिर रखा जाता है। स्थिर कोशिकाओं को जैवरिएक्टर में उत्पादन के लिए उपयोग किया जाता है (Fig. 8.6)।

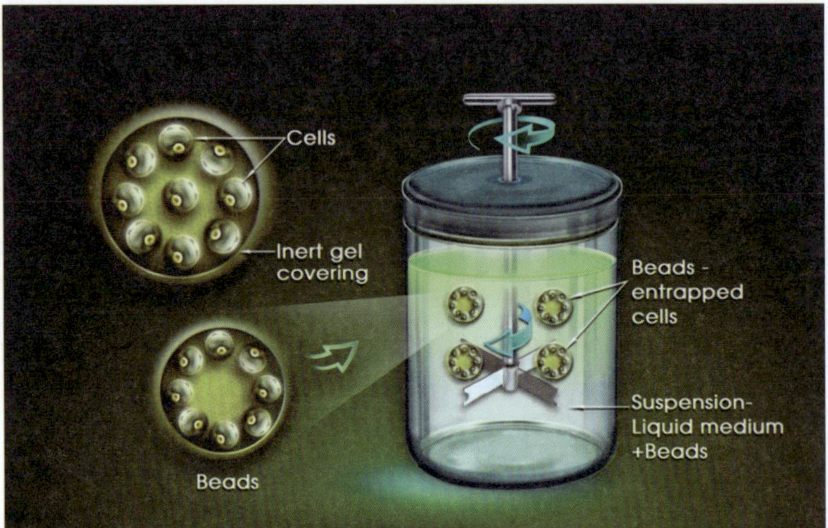

Fig. 8.5 Cell entrapment culture

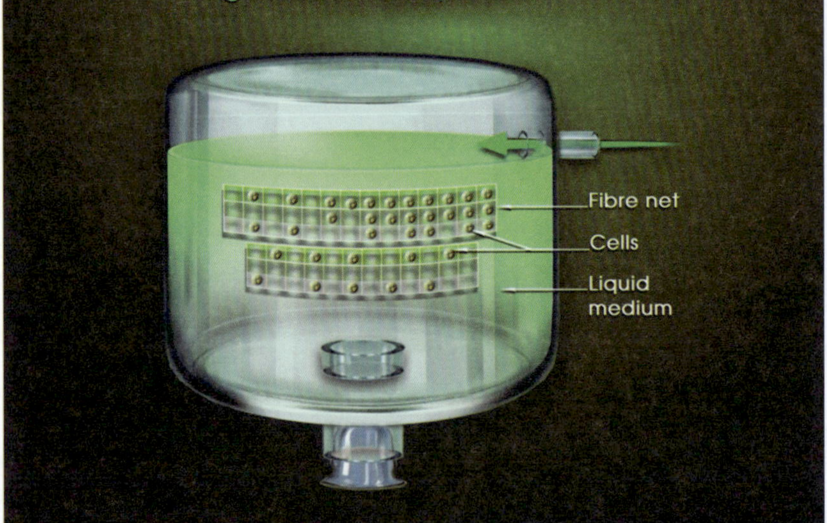

Fig. 8.6 Surface immobilized cell culture

अध्याय-9

अगुणित संवर्धन
(Halploid culture)

लघुबीजाणुओं (microspore) या परागकण व अनिषेचित अण्ड (unfertilized egg) से उत्पन्न पौधे अगुणित होते हैं। अनिषेचित अण्ड (unfertilized egg) से भ्रुण का निर्माण (parthenogenesis) एक प्रमुख उदाहरण है। अगुणित पौधे जनन अक्षम होते हैं। अण्डाणुओं व परागकणों के अगुणित गुणसूत्रों को द्विगुणित कर द्विअगुणित समयुग्मकी (homozygous) पौधे बनाए जा सकते है जो जनन सक्षम होते हैं। पारम्परिक पादप प्रजनन विधि (traditional plant breeding methods) में समयुग्मकी (homozygous) निर्माण में कम से कम 6–7 पीढियां लगती है व आनुवंशिक तौर में अस्थिर पौधे बनते हैं। ऊतक संवर्धन तकनीक से एक या दो पीढी में ही समयुग्मकी वंश तैयार कर सकते हैं। परागकोषों या विलगित परागकणों के संवर्धन से उत्पन्न कैलस कोशिकाओ के गुणसूत्र द्विगुणन से समयुग्मक (homozygous) वंशक्रम प्राप्त किये जा सकते हैं। अगुणित पौधों में युग्मकोद्भिदिक (1n) गुणसूत्र समूह (set) होता है। यद्यपि अगुणित पौधे स्वत: ही गुणसूत्र द्विगुणन से या रासयनिक कारकों जैसे कोल्चिसिन (colchicine) के प्रेरण (induction) से जननक्षम द्विअगुणित (dihaploid) पौधे प्राप्त किये जा सकते हैं। परिणामस्वरूप बने द्विअगुणित पौधे सभी जीनों के समयुग्मकी व यथार्थ प्रजननीय (true breeding) होते हैं। परागकोष संवर्धन से धान्य (cereals), तेल, फल सब्जी व वृक्षिय पादप प्रजातियों के पौधे उत्पन्न किये जाते हैं।

9.1 परागकोष संवर्धन (Anther culture)

काँच पात्रों (*in vitro*) में अगुणित पौधे बनाने के लिए सामान्यतया दो विधियाँ अपनायी जाती है : (i) परागकोष व (ii) विलगति लघुबीजाणुओं के संवर्धन द्वारा (Fig. 9.1)। एक केन्द्रकीय (microspore) या परागकणों (त्रिकेन्द्रिक, नर

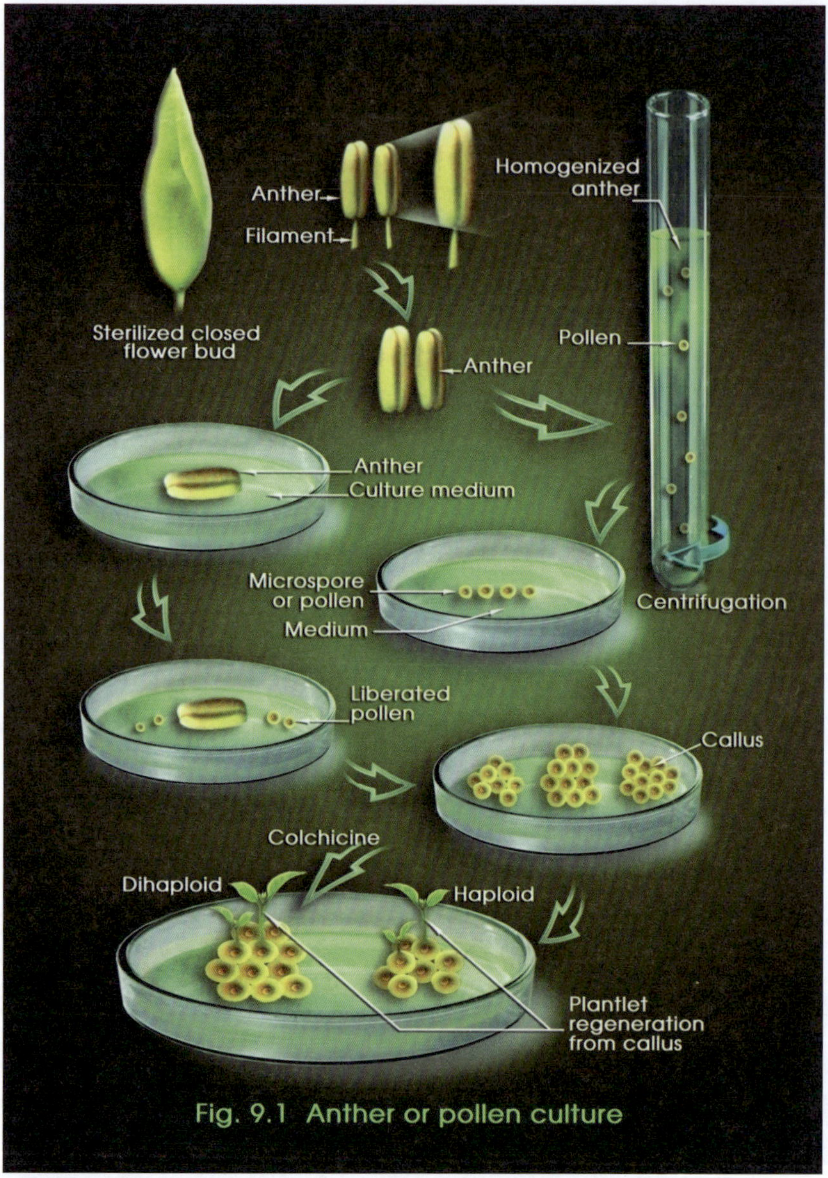

Fig. 9.1 Anther or pollen culture

युग्मकोद्भिद) को परागकोष की विशेष परिवर्धनीय अवस्था में कुचलकर (crush) व अपकेन्द्रीकरण (centrifugation) द्वारा पृथक किए जाते हैं। इन लघुबीजाणुओं को अर्धठोस माध्यम पर संवर्धित कर कैलस का निर्माण किया जाता है, जिसमें गुणसूत्रों

की संख्या आधी होती है। इसको कोल्चिसिन (colchicine) रसायन से उपचारित कर गुणसूत्रों की संख्या दुगुनी कर द्विअगुणित पौधे प्राप्त किये जा सकते हैं। गुहा व महेश्वरी (1964) ने धत्तूरा (*Datura innoxia*) की पुष्प कलिकाओं को सोडियम हाइपोक्लोराइट से पृष्ठीय विसंक्रमित कर व्हाइट (White) के संवर्धन माध्यम जिसमें 2 प्रतिशत सुक्रोज व 15 प्रतिशत नारियल दूध (Coconut milk), इन्डोल एसिटिक अम्ल (10^{-6} M) व काइनेटिन (10^{-6} M) मिलाया गया था पर स्थानान्तरित किया एवं 6–7 सप्ताह पश्चात् परागकोषों से भ्रुणों का विकास देखा गया जो सामान्य पौधों में रूपान्तरित हो गए। मुराशिगे व स्कूग (1962) के संवर्धन माध्यम को भी परोगकोष संवर्धन के लिये उपयोग में लिया जाता है।

9.2 अगुणित संवर्धन को प्रभावित करने वाले कारक (Factor effecting haploid culture)

लघु बीजाणु व परागकण से पादप निर्माण की प्रक्रिया पौधे की किस्म, आयु, कार्यिकी व वृद्धि अवस्था पर निर्भर करती है। पुष्प, परागकोष व लघु बीजाणुओं को उच्च एवं निम्नताप, पोषण की कमी या परासरणी आघात (osmotic stress) का पूर्व उपचार, युग्मकोद्भिद से बीजाणुद्भिद परिवर्धन में सहायक होता है।

1. **परागकण की विकास अवस्था** (developmental stages of pollen grain or microspore) : लघु बीजाणुओं (microspore) के प्रथम समसूत्री विभाजन (mitosis) के पहले या एकदम बाद की अवस्था अगुणित निर्माण में सहायक होती है।
2. **परागकोष भित्ति** (anther wall) : परागकोष भित्ति की उपस्थिति लघुबीजाणु विभाजन व अगुणित निर्माण में सहायक है।
3. **संकरण** (hybridization) : संकरित पौधे सामान्य पौधों की तुलना में अगुणित निर्माण में अधिक अनुक्रिया प्रदर्शित करते हैं।
4. **तापमान** : अलग–अलग पादप प्रजातियों में तापमान की अलग–अलग आवश्यकता होती है। जैसे तम्बाकू में 4–5 सेंटिग्रेड व गेहूँ व मिर्ची में 30–35 °C तापमान उपयुक्त होता है।
5. **संवर्धन माध्यम** (culture medium) : अगुणित संवर्धन के लिए निश (Nitsch's), व्हाइट (White's) व मुराशिगे व स्कूग (MS) संवर्धन माध्यम का उपयोग किया जाता है। माध्यम में 3–10 प्रतिशत सुक्रोज एवं बीएपी (BAP), एनएए (NAA) 2, 4-डी (2, 4-D), पादप वृद्धि

नियंत्रकों का उपयोग किया जाता है। कार्बनडाइऑक्साइड (CO_2) की अधिक मात्रा अगुणित संवर्धन को प्रेरित करती है। संवर्धन के दौरान प्रारम्भिक अँधेरा (dark) भी अगुणित संवर्धन में सहायक होता है।

9.3 उपयोगिताएँ (Applications)

1. समयुग्मकी (homozygous) पौधों के निर्माण में।
2. युग्मकी (gametic) विभिन्नताएँ पहचान में।
3. उत्परिवर्तन प्रेरण (mutation induction) व पृथक्करण (isolation) में।
4. अपरिपक्व परागकण (immature pollen grain) आनुवंशिक रूपान्तरण (genetic modification) के लिए अधिक उपयुक्त होता है।
5. श्रेष्ठनर (supermale) निर्माण में जैसे- *ऐस्पेरेगस* में कम रेशों के कन्द निर्माण आदि।

अध्याय-10

जननद्रव्य संरक्षण
(Germplasm conservation)

पादप आनुवंशिक स्त्रोत, एक आनुवंशिक विविधता के वर्ग का निर्माण करते हैं जो कि अंतरा और अंतरजातीय विभिन्नताओं द्वारा प्रदर्शित होती है। संग्रहित जननद्रव्य न केवल जाति को सुरक्षा प्रदान करती है, बल्कि इसका उपयोग पादप प्रजनन विशेषज्ञों द्वारा विभिन्न नई प्रजाति के विकास एवं सुधार में किया जाता है। साधारणतया बीज व कायिक भाग द्वारा जननद्रव्य का संग्रहण किया जाता है।

10.1 जननद्रव्य संरक्षण के उपाय

1. पौधों को उनके वास स्थान (*in situ*) पर संरक्षण प्रदान करना।
2. वनस्पति उद्यानों (Botanical Gardens) में स्थानान्तरित कर।
3. कृषि व वानिकी में उपयोग द्वारा।
4. बीज व कायिक भागों के संग्रहण द्वारा।

कुछ पादप प्रजातियों में जीवनक्षम (viable) बीज उत्पन्न नहीं होते हैं या संग्रहण अवधि कम होती है। ऐसी परिस्थितियों में पादप ऊतक संवर्धन तकनीक संग्रहण के एक लिए एक वैकल्पिक व्यवस्था प्रदान करती है। इस विधि में पादप की कोशिकाओं, ऊतकों व अंगों को प्रयोगशाला में संग्रहित कर लिया जाता है व आवश्यकतानुसार इनसे पादपों का पुनर्जनन किया जा सकता है।

10.2 जननद्रव्य संरक्षण विधियाँ

ऊतक संवर्धन तकनीक द्वारा जननद्रव्य संरक्षण में दो विधियाँ उपयोग में ली जाती है–

1. मंद वृद्धि (slow growth) विधि
2. शीतन परिरक्षण (cryopreservation)

10.2.1 मंद वृद्धि (slow growth) : इसमें जर्मप्लाज्म को कम तापमान (4-8 °C) व प्रकाश (8 घंटे प्रतिदिन) पर भंडारित किया जाता है। इसके अलावा संवर्धन स्थिति में बदलाव जैसे- ताप, प्रकाश, वृद्धि नियंत्रकों में फेरबदल व कार्बन स्त्रोत में कमी कर वृद्धि को न्यून किया जाता है।

10.2.2 शीतन परिरक्षण (cryopreservation) : संवर्धन को तरल नाइट्रोजन (-196 °C) पर रखा जाता है। इस तापमान पर सभी उपपाचयी क्रियाएं न्यूनतम स्तर पर आ जाती है। शीतन के दौरान कोशिकाओं को क्षतिग्रस्त होने से बचाने के लिए उन्हें शीतरक्षक (cryoprotectant) जैसे- डीएमएसओ (DMSO–dimethyl sulphoxide) या ग्लिसरॉल घोल में रखते हैं। इस विधि से संग्रहण कई वर्षों तक रखा जा सकता है।

अध्याय-11

आनुवंशिक अभियांत्रिकी एवं जैवप्रौद्योगिकी (Genetic engineering and Biotechnology)

पारम्परिक पादप प्रजनन विधि में दो पौधों के वांशित लक्षणों को एक ही पौधे में लाने के लिए संकरण (hybridization) का सहारा लिया जाता है। इसके अलावा चयन आधारित पारम्परिक पादप प्रजनन विधि में उत्परिवर्तन (mutation) द्वारा भी नए वांछनीय गुणों के समावेश द्वारा नई पादप किस्मों का उत्पादन किया जाता रहा है। पारम्परिक पादप प्रजनन विधि में नई किस्म विकसित करने में जनन कोशिकाओं (अण्ड कोशिका व शुक्राणु कोशिका) के संलयन (fusion) पर निर्भर रहना पड़ता है। इसमें दो वांशित गुणों युक्त पादपों की जनन कोशिकाओं को संकरित कर नई किस्म बनाई जाती है। इसमें केवल संगत (compatible) जनन कोशिकाओं जैसे एक ही जाति या प्रजाति में ही संकरण संभव होता है। दो अलग-अलग जातियों या प्रजातियों की जनन कोशिकाओं में यह संकरण असंभव होता है। दूरस्थ पादपों के वांशित लक्षणों को उपयोगी फसली पौधों में स्थानान्तरित करने के लिए आनुवंशिक आभियांत्रिकी का सहारा लिया जाता है। आधुनिक जैव प्रौद्योगिकी जीन पर आधारित होती है एवं वांशित गुणों को निर्धारित करने वाले जीन को कायिक कोशिका में स्थानान्तरित किया जाता है। आनुवंशिक रूपान्तरित कायिक कोशिकाओं के विभाजन व विभेदन से नई किस्म के पौधे उत्पन्न किये जा सकते हैं।

आनुवंशिक रूपान्तरण (Genetic transformation)

बाहरी (foreign) जीन को पादप कोशिका व जीनोम में स्थानान्तरित एवं समाकलित कराया जाता है, ताकि यह जीन अभिव्यक्त होकर रूपान्तरित कोशिका

में विशेष लक्षण प्रकट कर सके। पादप कोशिकाओं में बाहरी जीन का समाकलन (integration) दो प्रकार की विधियों से किया जा सकता है–

1. **अप्रत्यक्ष :** वाहकों (vectors) द्वारा।
2. **प्रत्यक्ष :** भौतिक विधियों (physical methods) द्वारा।

11.1 अप्रत्यक्ष जीन स्थानान्तरण (Indirect gene transfer)

पादपों को संक्रमित करने वाले जीवाणुओं (Bacteria) व विषाणुओं (Virus) को जीन स्थान्तरण वाहकों के तौर पर उपयोग किया जाता है। पौधों में रोग उत्पन्न करने वाले जीवाणुओं व विषाणुओं में संक्रमण व रोग उत्पन्न करने वाले जीन अलग-अलग होते हैं। इन जीवाणुओं व विषाणुओं में मौजूद रोग उत्पन्न करने वाले जीन को हटा दिया जाता है एवं उसके स्थान पर वांछित गुणों वाले जीन को स्थापित किया जाता है। *एग्रोबेक्टिरियम ट्यूमेफेसियंस* (*Agrobacterium tumefaciens*) एक ग्राम नेगेटिव मृदा जीवाणु है, जो द्विबीज पत्री पौधों में अनियंत्रित कोशिका वृद्धि (tumorous growth) कर गांठे बनाते हैं, जिसे क्राउन गॉल रोग (crown gall disease) कहते हैं। इन जीवाणुओं में जीनोम (डीएनए) के अतिरिक्त आनुवंशिक पदार्थ (DNA) होता है, जिसे टीआई (Ti) प्लाज्मिड कहते हैं। टीआई (Ti) प्लाज्मिड का पौधे में स्थानान्तरण योग्य डीएनए (DNA) को टी-डीएनए (T-DNA) कहते हैं। इसी डीएनए (DNA) में वांशित गुणों वाले जीन को स्थानान्तरित किया जाता है ताकि यह पादपों में स्थानान्तरित किया जा सके ।

एग्रोबैक्टीरियम ट्यूमेफेसियंस (*Agrobacterium tumefaciens*) : *एग्रोबैक्टीरियम ट्यूमेफेसियंस* को प्राकृतिक आनुवंशिक अभियन्ता (genetic engineer) माना जाता है। यह मृदा में पाया जाने वाला एक जीवाणु है जो द्विबीज पत्री पौधों में क्राउनगॉल (tumor) रोग फैलाता है। प्रकृति में यह पौधों में घावों द्वारा संक्रमण कर ट्यूमर बनाता है (Fig. 11.1)। इस जीवाणु में टीआई प्लाज्मिड (Ti-plasmid) जिसका टी-डीएनए पादप कोशिकाओं में स्थानान्तरित होता है। इसकी खोज स्मिथ व सहयोगियों ने 1907 में की थी। टी-डीएनए (T-DNA) में दो प्रकार के जीन होते है-

ऑंकोजीन (Oncogenes) : ये ट्यूमर प्रेरण के जीन हैं जो ऑक्सिन (auxin) व साइटोकाइनिन (cytokinin) निर्माण के एन्जाइम उत्पन्न करते हैं। आक्सिन व साइटोकाइनिन अनियंत्रित कोशिका विभाजन को प्रेरित कर ट्यूमर (gall) बनाते हैं।

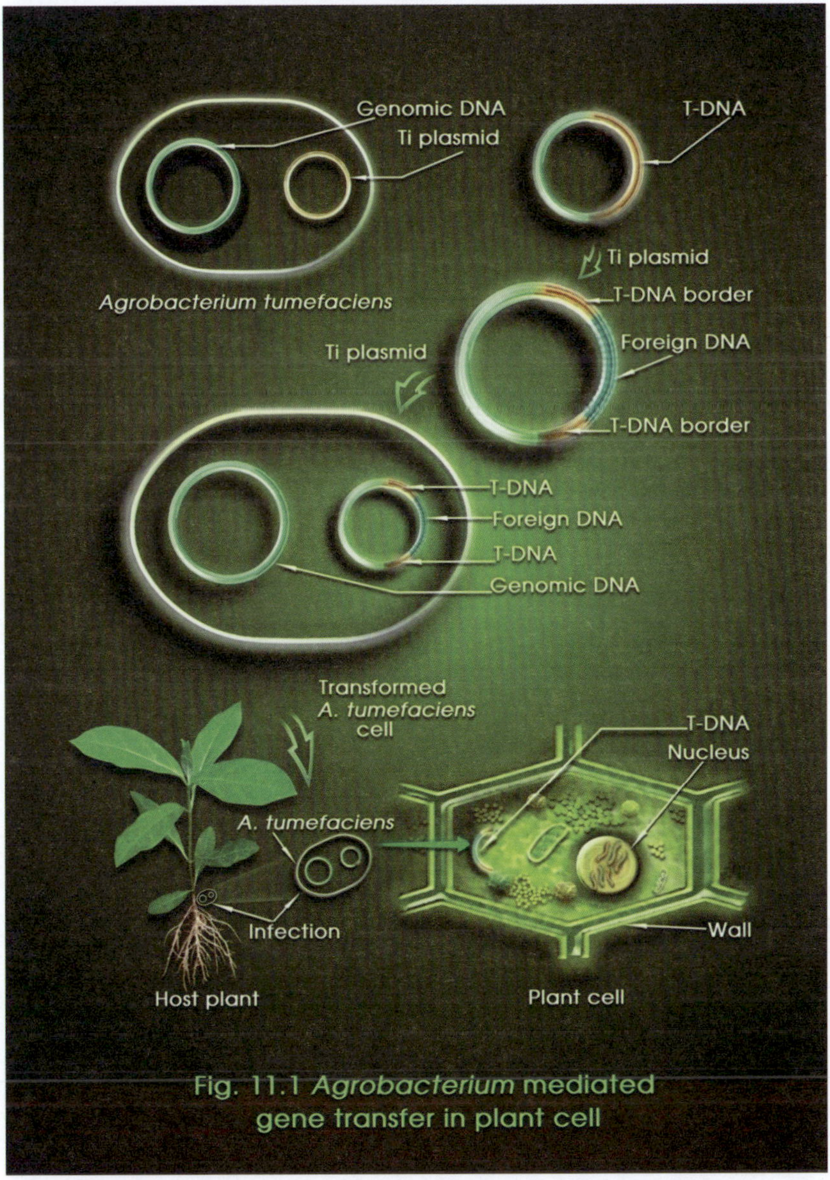

Fig. 11.1 *Agrobacterium* mediated gene transfer in plant cell

ओपाइन जीन (Opine gene) : ये जीन अमीनों अम्ल व शर्करा युक्त यौगिकों का निर्माण करते है जो जीवाणुओं के लिए कार्बन व नाइट्रोजन के स्त्रोत होते हैं। पादप कोशिकाओं में टी–डीएनए का स्थानान्तरण टीआई–प्लाज्मिड (Ti–

plasmid) के विर (virulence gene) जीन व जीवाणु के गुणसूत्र जीन के सहयोग से होता है।

विर जीन (vir gene) : इसमें 6 ओपेरॉन होते हैं, (Vir A, B, D, G) विर ए, बी, डी व जी ओपेरॉन, टी–डीएनए स्थानान्तरण के लिए आवश्यक होते हैं व विर सी व ई (Vir C and E) स्थानान्तरण क्षमता बढ़ाते हैं।

जीवाणु गुणसूत्र जीन (Bactrial chromosomal gene) : जीवाणु गुणसूत्र जीन जीवाणुओं की पादप कोशिकाओं से संलग्नता (attachment) व समूह बनाने में आवश्यक हैं जैसे– स्थल ए बी (loci chv A and chv B) व बी–1, 2 ग्लूकॉन (b–1, 2 glucan) संश्लेषण व स्रावण से संबंधित है। स्थल ई (loci che E) विर जीन (vir gene) उत्प्रेरण एवं सेल स्थल (Cel locus) सेल्यूलॉज (cellulose) निर्माण के लिए निहित होते हैं।

एक्सो सी स्थल (exo C, locus), साइक्लिक ग्लूकॉन (cyclic glucon) व एसिड सक्सिनोग्लाइकन (acid succinoglycan) निर्माण व अट स्थल (att locus) कोशिका पृष्ठ प्रोटीन निर्माण करते हैं। टी–डीएनए (T–DNA) के दोनों सिरों पर 25 क्षार (25 bases) के एकल रज्जुक (single stranded) परोक्ष पुनरावृत (direct repeats) स्थित होते हैं। इन दोनों सिरों (दाएँ व बाएँ) के बीच बाहरी जीन (foreign gene) को प्रवेश कराया जा सकता है व ये सिरे बाहरी जीन को पादप कोशिकाओं में स्थानान्तरण में सहायक होते हैं।

11.1.1 टी–डीएनए स्थानान्तरण क्रियाविधि (T–DNA transfer mechanism)

टी–डीएनए का पादपों में स्थानान्तरण विभिन्न चरणों में सम्पन्न होता है–

1. जीवाणु समूहन (bacterial aggregation)
2. जीवाणु के विर तंत्र (Vir system) का प्रेरण (induction)
3. टी–डीएनए स्थानान्तरण संकुल (complex) का निर्माण
4. टी–डीएनए स्थानान्तरण
5. टी–डीएनए का पादप जीनोम में संयोजन (integration)।

1. जीवाणु समूहन (bacterial aggregation) : पादप कोशिकाओं पर जीवाणुओं का समूहन पॉलीसेकेराइड की उपस्थिति में होता हैं इसके लिए जीवाणु गुणसूत्र में स्थित जीन (att locus) कार्य करते हैं।

2. जीवाणु के विर तंत्र (Vir system) **का प्रेरण :** विर ए (Vir A) जीन एक प्रोटीन का निर्माण करता है, जो प्लाज्मा झिल्ली में ग्राही (receptor) का कार्य करता है एवं पादप घावों से स्रावित फिनॉलिक यौगिकों (संकेतकों) को पहचानता है। फिनॉलिक यौगिकों के अलावा इन संकेतकों (signals) में पीएच, एसीटोसिरिंगोन (acetosyringone) व कुछ मोनोसेकेराइड की प्रमुख भूमिका होती है। विर तंत्र (vir system) के प्रेरण में परिद्रव्यक (periplasmic) शर्करा (glucose) व गलेक्टोज (galactose) की प्रमुख भूमिका रहती है।

सक्रिय विर ए प्रोटीन अपने फॉस्फेट को कोशिका द्रव्यक डीएनए बांधने वाली प्रोटीन विर जी (cytoplasmic DNA binding protein Vir G) को स्थानान्तरित कर देता है। विर जी प्रोटीन विर जीनों की अभिव्यक्ति के नियंत्रण के लिए अनुलेखन (transcription factor) कारक का कार्य करती है।

3. टी–डीएनए स्थानान्तरण संकुल (Complex) **का निर्माण :** विर जीन (vir gene) एकल रज्जुक टी–डीएनए (single stranded T–DNA) का निर्माण करता है जो पादप जीनोम से जुड़ जाता है। इसमें (vir D1/Vir D2) विर डी 1/डी 2 की मुख्य भूमिका रहती है। विर डी प्रोटीन एकल रज्जुक टी–डीएनए के 5^1– सिरे से जुड़ा रहता है।

4. टी–डीएनए संकुल (Complex) **का स्थानान्तरण :** एकल रज्जुक टी–डीएनए प्रोटीन संकुल (ssT–DNA–protein complex) पादप कोशिका केन्द्रक में स्थानान्तरित होता है। एकल रज्जुक टी–डीएनए विर डी2 संकुल, एकल रज्जुक डीएनए बांधने वाली प्रोटीन विर ई 2 घिरी (coated) रहती है। विर ई 1, विर ई 2 के पादप कोशिका में स्थानान्तरण के लिए आवश्यक है।

5. टी–डीएनए का पादप जीनोम में संयोजन (Integration) **:** इसमें विर डी 2 व विर ई 2 (vir D2 and Vir E2) के केन्द्रकीय स्थल संकेतों (Nuclear Location Signals-NLS) की एकल रज्जुक टी–डीएनए संकुल के जीनोम में संयोजन के लिए प्रमुख भूमिका होती है।

11.2 प्रत्यक्ष जीन स्थानान्तरण (Direct gene transfer)

इसमें भौतिक विधियों जैसे– जीन गन (gene gun), इलेक्ट्रोपोरेशन (electroporation), सूक्ष्म इन्जेक्शन (micro-injection) व रसायनों का उपयोग किया जाता है।

11.2.1 जीन गन (Gene gun) : इस विधि में सोने व टंगस्टन के सूक्ष्म कणों पर डीएनए (जीन) को चिपकाया जाता है। इन कणांक पर स्थित जीन को गन की सहायता से उच्च वेग से कोशिका के बाहरी अवरोध जैसे कोशिका भित्ति को भेद कर कोशिका के अंदर स्थानान्तरित किया जाता है (Fig. 11.2)।

11.2.2 इलेक्ट्रोपोरेशन (Electroporation) : इस विधि में पादप प्रोटोप्लास्ट को जीन (DNA) के सान्द्र घोल में रखा जाता है, व उच्च शक्ति की विद्युत नैनोसेकण्ड के लिए प्रवाहित की जाती है। इस विद्युत से प्लाज्मा झिल्ली में नैनोसेकण्ड के लिए सूक्ष्म रन्ध्र बनते है इस समय बाहरी विलयन में मौजूद जीन कोशिका में स्थानान्तरित हो जाते हैं (Fig. 11.3)।

11.2.3 सूक्ष्म इन्जेक्शन (Micro-injection) : इस विधि में जीन (DNA) को सूक्ष्म इंजेक्शन में भरकर कोशिकाओं ऊतकों व अंगों में स्थानान्तरित किया जाता है (Fig. 11.4)।

11.2.4 रासायनिक रूपान्तरण (Chemical transformation) : प्रोटोप्लास्ट को पॉलीइथाइलीन ग्लाइकॉल (PEG) व मैग्निशियम क्लोराइड से ($MgCl_2$) उपचारित कर प्रोटोप्लास्ट को जीन (DNA) उद्ग्रहण (uptake) के लिए प्रेरित किया जाता है।

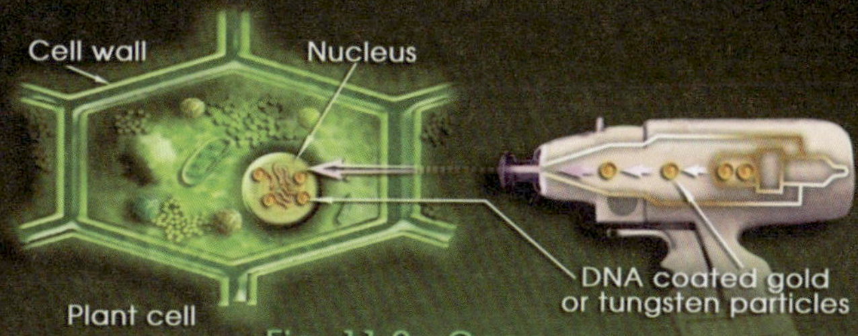

Fig. 11.2 Gene gun

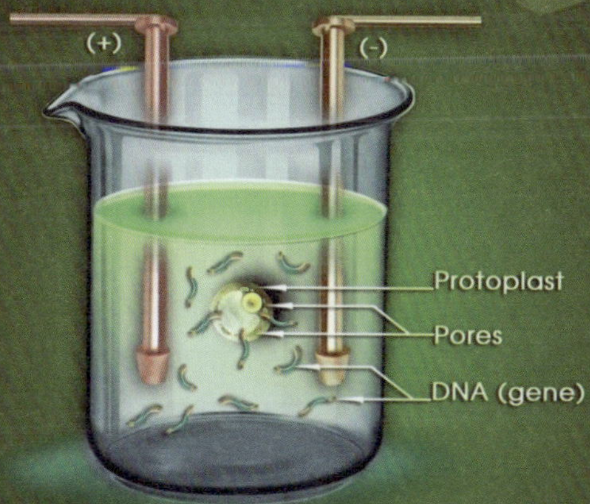

Fig. 11.3 Electroporation

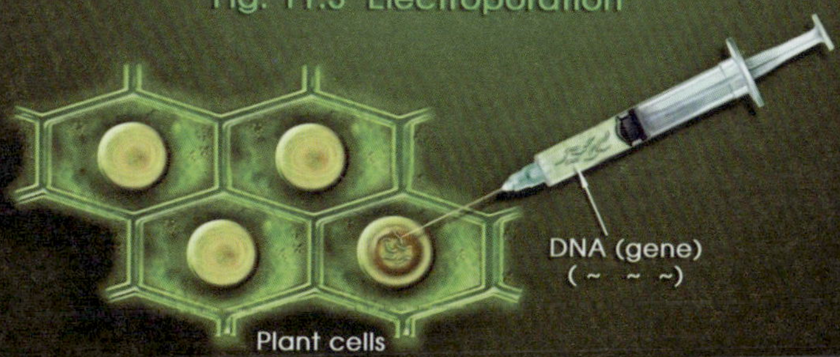

Fig. 11.4 Microinjection

11.3 आनुवंशिक अभियांत्रिकी की उपयोगिताएँ (Applications of genetic engineering)

पादप जैवप्रौद्योगिकी (पादप ऊतक संवर्धन एवं आण्विक जैविकी) पौधों की नई किस्में व उत्पाद तैयार करने में एक सशक्त तकनीक है। आनुवंशिक रूपान्तरण से जीन अभिव्यक्ति व जीन कार्य का अध्ययन किया जा सकता है एवं नए प्रोटीन का निर्माण व अवांछित प्रोटीन को हटाया जा सकता है। पारम्परिक पादप प्रजनन विधि से नई किस्म के फसली पौधे तैयार करने में कई वर्ष लगते हैं क्योंकि इसमे कई संकरण करवाने की आवश्यकता होती है। पारम्परिक पादप प्रजनन में केवल एक ही प्रजाति या निकटतम संबंधित प्रजातियों में ही संकरण संभव होता है। पारम्परिक पादप प्रजन में जनन कोशिका में मौजूद सम्पूर्ण जीन के समूह का स्थानान्तरण होता है जिससे न केवल वांशित गुण के जीन बल्कि अवांशित गुणों का भी स्थानान्तरण हो जाता है। आनुवंशिक अभियांत्रिकी में विभिन्न प्रजातियों व कुलों के पौधों बल्कि सूक्ष्म जीवों के वांशित गुणों युक्त जीन को भी पादप के आनुवंशिक रूपान्तरण में प्रयोग में ले सकते हैं। पादप जैवप्रौद्योगिकी का वर्तमान में अनुसंधान मुख्यतया फसलीय पौधों की उन्नत किस्में तैयार करने में अभिकेन्द्रित है। आनुवंशिक अभियांत्रिकी द्वारा तैयार की गई कुछ फसली किस्में विश्वभर में काफी लोकप्रिय हो रही है।

11.3.1 खरपतवारनाशक रसायनों के प्रति प्रतिरोधक फसलें (Herbicide Resistant Crop) आधुनिक कृषि में फसलों के साथ उगने वाले खरपतवार के दमन या उन्मूलन के लिए कुछ चयनित खरपतवारनाशक रसायनों का उपयोग किया जाता है। लेकिन आनुवंशिक रूपान्तरण से उत्पन्न फसली पौधों को इन रसायनों के प्रति प्रतिरोधक बनाना आवश्यक होता है। कई फसली पादपों को कुछ खरपतवार नाशी रसायनों (glyphosate, glufosinate, bromoxynil) के प्रति आनुवंशिक रूपान्तरित कर प्रतिरोधक बनाया गया है। उदाहरणतया ग्लाइफोसेट (glyphosate), पादपों में ईपीएसपीएस (5-enolpyruvylshikimate–3–phosphate synthase) एन्जाइम के निर्माण को रोकता है जो अमीनों अम्ल बनाने में सहायक होता है।

ग्लाइफोसेट (glyphosate) के प्रति फसली पादपों को दो तरह से प्रतिरोधक बनाया जा सकता है–

अ. जीवाणुओं में मौजूद ग्लाइफोसेट प्रतिरोधी ईपीएसपीएस (EPSPS) बनाने वाले जीन स्थानानतरण से।

ब. ग्लाइकोफोसेट के उपाचयन में सहायक प्रोटीन का निर्माण करने वाले जीवाणुओं के जीन स्थानान्तरण से।

11.3.2 कीट प्रतिरोधी फसलें (Insect resistant crops)

मृदा में पाए जाने वाले जीवाणु जैसे- *बेसिलस थूरिंजिएंसिस* (*Bacillus thuringiensis*) एक कीटनाशी क्रिस्टल प्रोटीन (*Bt* toxins) बनाते हैं, जो कीटों के लारवा (Larvae) को नष्ट कर देते हैं। जीवाणु के इस जीन को मक्का, बैंगन व कपास में सफलतापूर्वक स्थानान्तरित किया जा चुका है। आनुवंशिक रूपान्तरित ये फसली पादप कुछ विशेष समूह के कीटों के प्रति प्रतिरोधक क्षमता दर्शाते हैं। जिससे किसानों को महंगे व प्रदूषण फैलाने वाले हानिकारक रासायनिक कीटनाशकों से राहत मिली है।

11.3.3 अजैवीय तनाव प्रतिरोधी (Abiotic stress resistant) किस्में

सूखा (drought), उच्च व निम्न तापमान, लवणता (salinity) व क्षारीयता (alkalinity), जलाभाव व परासरणीय तनाव (osmotic stress) उत्पन्न करते हैं। अजैवीय तनाव सहनीय कुछ विशेष पादप व सूक्ष्म जीव निम्न आण्विक भार वाले परासरणीय संरक्षणकारी (osmoprotectants) जैसे- अकार्बनिक व कार्बनिक आयन, घुलनशील कार्बोहाइड्रेट (sugar), अमीनों अम्ल व ग्लाइसीन बीटेन (glycine betaine) का निर्माण कर इन तनावों से पादपों व सूक्ष्य जीवों को जीवनक्षम बनाते हैं। इन पादपों व सूक्ष्यजीवों के अजैवीय तनाव प्रतिरोधी गुणों से सम्बन्धित जीन को कृषि, बागवानी, औषधीय पौधों में स्थानान्तरित कर इन पादपों को वातावरण की प्रतिकूल परिस्थितियों में बोया जा सकता है। जलवायु परिवर्तन (climate change) के कारण सूखे, उच्च व निम्न तापमान, लवणता व क्षारीयता से निजात पाने के लिए तनाव प्रतिरोध जीन स्थानान्तरण भविष्य में एक उपयुक्त विकल्प होगा।

11.3.4 फलों का नियंत्रित परिपक्वन (Controlled ripening of fruits)

फलों का परिपक्वन एक एन्जाइम पॉलीगेलेक्टूरोनेज (polygalacturonase) द्वारा नियंत्रित होता है। यह एन्जाइम फलों की भित्ति में मौजूद पेक्टिन श्रृंखलाओं का विद्लन (cleavage) करता है, जिसके फलस्वरूप भित्ति कोमल हो जाती है व फल परिपक्व हो जाते हैं। आनुवंशिक संशोधन से एन्जाइम बनाने वाले जीन का अधोगामी नियंत्रण (down regulation) कर परिपक्वन की अवधि को बढ़ाया जा सकता है।

इससे फलों के भण्डारण की अवधि बढ़ जाती है व दूरस्थ इलाकों में फल परिपक्वन होने से पहले पहुँचाए जा सकते हैं।

11.3.5 भोजन के पोषनीय गुणों में सुधार (Improving nutritional value of food)

खाद्य फसलों व फलों आदि में पोषनीय तत्व बनाने वाले बाहरी जीन (foreign gene) के स्थानान्तरण से पोषनीय मूल्य में सुधार किया जा सकता है। जैसे- चावल में विटामिन ए की कमी पूर्ति हेतु प्रो-विटामिन ए (B-carotene) बनाने वाले डेफोडिल (नरगिस पादप), इरविनिया जीवाणु व मक्का के जीन को चावल में स्थानान्तरित किया गया। इसी प्रकार आयरन की मात्रा बढ़ाने के लिए मूंग (*फेजियोलस*) के पौधे से जीन को चावल में स्थानान्तरित कर चावल में आयरन की मात्रा बढ़ाई गई। इस प्रकार विश्व की गरीब जनसंख्या जो भोजन के लिए चावल पर निर्भर है, को कुपोषण से बचाया जा सकता है।

अध्याय-12

जैविक नाइट्रोजन स्थिरीकरण की आण्विक जैविकी (Molccular Biology of Biological Nitrogen Fixation)

वायुमंडलीय नाइट्रोजन को उसके कार्बनिक एवं अकार्बनिक यौगिकों में परिवर्तन नाइट्रोजन स्थिरीकरण कहलाता है। नाइट्रोजन, अमीनों अम्लों, प्रोटीन, एन्जाइम, प्यूरीन, पाइरीमिडीन, न्युक्लिक अम्ल, विटामिन एवं एल्केलॉयड आदि कोशिकीय पदार्थों का आवश्यक तत्व है। जन्तु एवं उच्च श्रेणी के पादप वायुमंडल की मुक्त नाइट्रोजन गैस का उपयोग करने में अक्षम होते हैं, वे केवल नाइट्रोजन के यौगिकों का उपयोग करने में सक्षम होते हैं। जैविक नाइट्रोजन स्थिरीकरण मुख्यत: एक कोशिकीय और बहुकोशिकीय सूक्ष्म जीवों द्वारा सम्पन्न होता हैं। इन सूक्ष्मजीवों को दो मुख्य समूहों में बांटा गया है।

मुक्त जीवी (free living) : ये स्वतंत्र रूप से नाइट्रोजन स्थिरीकरण कर सकते हैं, उदाहरणतया- *ऐजेटोबेक्टर* (*Azotobacter*), *एजोस्पाइरिलम* (*Azospirillum*), *क्लेबसिएला* (*Klebsiella*) *क्लॉस्ट्रिडियम* (*Clostridium*), *नॉस्टॉक* (*Nostoc*) व *एनाबिना* (*Anabaena*)।

सहजीवी (symbiotic) : ये सूक्ष्म जीव उच्च श्रेणी के पौधों के साथ सहजीवी जीवन व्यतीत करते हैं, जैसे- राइजोबियम (*Rhizobium*) जीवाणु लेग्यूमिनेसी कुल के पौधों की ग्रंथियों में नाइट्रोजन स्थिरीकरण करते हैं। फ्रेंकिया (*Frankia*) नॉन लेग्यूमिनेसी पौधे जैसे- *अलनस* व *केजुराना* में नाइट्रोजन स्थिरीकरण करते हैं।

12.1 सहजीवी नाइट्रोजन स्थिरीकरण (Symbiotic Nitrogen fixation)

लेग्यूमिनेसी पौधों की मूलों में मूल ग्रंथियाँ (root nodules) पायी जाती है, जिनमें *राइजोबियम* जीवाणु सहजीवी के रूप में पाये जाते हैं एवं पौधों के लिए नाइट्रोजन स्थिर (fix) करते हैं। लेग्यूमिनेसी कुल के पौधे *राइजोबियम* जीवाणुओं से सहजीवी सहयोग (symbiotic association) द्वारा नाइट्रोजन यौगिकों की कमी वाले क्षेत्रों में भी जीवित रह सकते हैं।

12.1.1 जैवीय नाइट्रोजन स्थिरीकरण प्रक्रिया (Process)

जीवाणुओं में पाये जाने वाला नाइट्रोजिनेज तंत्र (nitrogenase system) मुक्त वातावरणीय डाइनाट्रोजन (N_2) का अपचयन कर अमोनिया में बदलने में उत्प्रेरक का कार्य करते हैं, जो कि एक ऊर्जा आवश्यक (energy demanding) प्रक्रिया है, जैसे कि औद्योगिक उत्पादन (Haber–Bosch process) प्रक्रिया में होता है। इस प्रक्रिया में डाइनाइट्रोजन (N_2) त्रिबंध (triple bonds) इस प्रक्रिया में टूटते हैं एवं प्रत्येक नाइट्रोजन के साथ तीन हाइड्रोजन जुड़कर अमोनिया का निर्माण करते हैं।

$$N \equiv N \xrightarrow{H_2} NH{=}NH \xrightarrow{H_2} NH_2{-}NH_2 \xrightarrow{2H} 2NH_3$$

इस प्रक्रिया में उपयोग में आने वाली हाइड्रोजन, कार्बोहाइड्रेट के ऑक्सीकरण (oxidation –ETC) से प्राप्त होती है। नाइट्रोजिनेज एन्जाइम (nitrogenase enzyme) दो पॉली-पेप्टाइड, संघटक प्रथम (component–I) एवं संघटक द्वितीय (component–II) का बना होता है। इलेक्ट्रॉन का प्रवाह अपचयित वाहक अणु (reduced carrier molecule) जैसे- फेरोडॉक्सिन (ferrodoxin) अथवा फ्लेवोडॉक्सिन (flavodoxin) से संघटक-II, एवं संघटक- II से इलेक्ट्रॉन का प्रवाह संघटक-I की तरफ होता है, जो कि नाइट्रोजन (N_2) को अपचयित (reduce) कर अमोनिया (NH_4) का निर्माण करते हैं।

12.1.2 राइजोबियम द्वारा नाइट्रोजन स्थिरीकरण (Nitrogen fixation by *Rhizobium*)

नाइट्रोजिनेज (nitrogenase) एन्जाइम ऑक्सीजन के प्रति अतिसंवेदनशील होता है। ऑक्सीजन की उपस्थिति में नाइट्रोजिनेज एन्जाइम नाइट्रोजन स्थिरीकरण नहीं कर सकता है। अत: नाइट्रोजन स्थिरीकरण के ऑक्सीजन मुक्त वातावरण की

आवश्यकता होती है। मूल ग्रंथियों (root nodules) में पाया जाने वाला लाल वर्णक (leghaemoglobin) ऑक्सीजन को अवशोषित कर ऑक्सीजन मुक्त वातावरण प्रदान करता है।

12.1.3 नाइट्रोजन स्थिरीकरण जीन (Nitrogen fixing gene or *nif* gene)

स्थिरीकरण में उपयोग होने वाली प्रोटीन (एन्जाइम) कई जीन द्वारा नियंत्रित व निर्मित होती है। पादप मूल एवं जीवाणुओं के बीच सहजीवी सम्बन्ध (symbiotic association) जीवाणु के एक जीन समूह नोड (*nod* gene) एवं पादप जीन समूह जो नोड्यूलिन प्रोटीन (nodulin protein) का निर्माण करते हैं, द्वारा स्थापित होता है।

12.1.4 संक्रमण प्रक्रिया (Infection process) व मूल ग्रंथि निर्माण (Root nodulation)

सामान्यतया जीवाणुओं का संक्रमण वृद्धिरत मूलरोमों के शीर्ष से प्रारम्भ होता है। संक्रमण के कारण मूलरोम कुंडलित (curled) हो जाते हैं। *राइजोबियम* का परपोषी विशेषित संक्रमण के लिए विशेष फ्लेवोनॉइड (flavonoid) व लेक्टिन (lectin) की आवश्यकता होती है जो परपोषी पादप से स्त्रावित होते हैं। *राइजोबियम* से पादप विशेषित केपसूल पॉलीसेकेराइड (capsular polysaccharide) स्त्रावित होते हैं। केप्सूल पॉलीसेकेराइड व पादप मूलरोमों से स्त्रावित कोशिका भित्ति पॉलीसेकेराइड लेक्टिन द्वारा आपस में जुड़कर पहचान कर लेते हैं। पहचान स्थापित होने के बाद संक्रमण प्रारम्भ होता है (Fig. 12.1)।

राइजोबियम के संक्रमण के पश्चात् मूल ग्रंथियों के निर्माण को ग्रंथिकरण (nodulation) कहते हैं। इस संक्रमण में लेक्टिन प्रोटीन सहायता करती है। ग्रंथिकरण व नाइट्रोजन स्थिरीकरण में विभिन्न जीन समूह सम्मिलित होते हैं। *राइजोबियम* में ये जीन प्लाज्मिड व क्रोमोसोम में व *ब्रेडिराइजोबियम* (*Bradyrhizobium*) में ये जीन क्रोमोसोम में स्थित होते हैं। इसके अलावा पादप के जीन भी नाइट्रोजन स्थिरीकरण व ग्रंथिकरण (nodulation) में सहायता करते हैं। राइजोबियम द्वारा स्त्रावित साइटोकाइनिन व पॉलीमिक्सिन बी मूलरोम के कुंडलिकरण को प्रेरित करते हैं। मूलरोम कोशिका भित्ति के अंतर्वेशन (invagination) से नालिकानुमा संक्रमण धागे (tubular infection thread) का निर्माण होता है व *राइजोबियम* संक्रमण धागे से प्रवेश करते हैं। संक्रमण के लगातार वृद्धि के फलस्वरूप कॉरटेक्स कोशिकाओं तक इसका विस्तार हो जाता है।

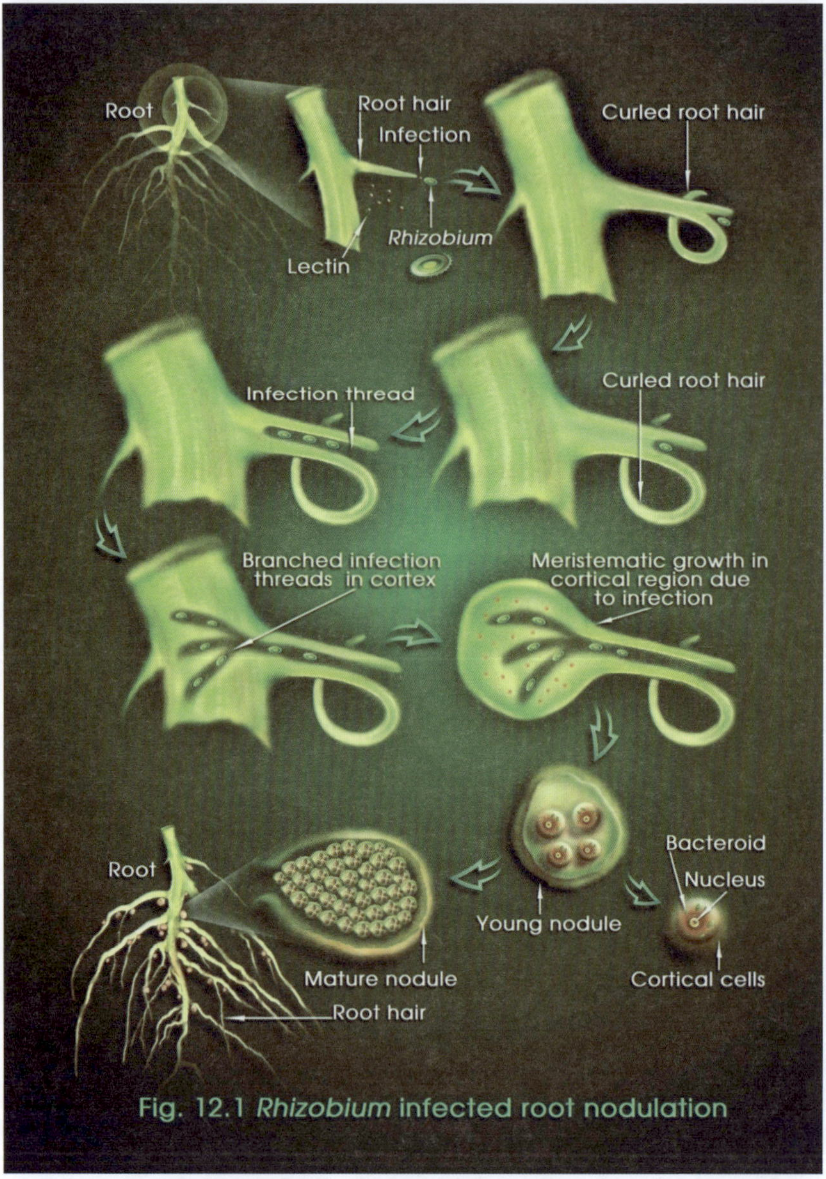

Fig. 12.1 *Rhizobium* infected root nodulation

राइजोबियम द्वारा स्त्रावित वृद्धि नियंत्रकों (growth regulators) से कॉरटेक्स की कोशिकाओं में विभाजन होता हैं व ग्रंथियों (nodules) का निर्माण होता है। नोड डी (nod D) जीन स्वयं व अन्य नोड ए बी सी व एच (nod A, B, C and H) जीन मूलरोम कुंडलिकरण व नोड एफ व ई (nod F and E) जीन संक्रमण धागे के निर्माण को नियंत्रित करते हैं। नोड ए व बी (nod A and B) पादप कोशिकाओं में समसूत्री विभाजन व नोड सी (nod C) प्लाज्मा झिल्ली में ग्राही (receptor) निर्माण को प्रेरित करते हैं। मूलग्रंथि की प्रत्येक कॉरटिकल कोशिका में करीब 4–6 बहुआकारिकी (pleomorphic) *राइजोबियम* कोशिकाएँ होती हैं, इन्हें बैक्टीरिऑइड (bacterioids) कहते हैं। बैक्टीरिऑइड व कॉरटिक्ल (cortical) कोशिका की झिल्ली जिसे पेरिबैक्टीरिऑइड झिल्ली (peribacterioid membrane) कहते हैं, से घिरे रहते हैं। बैक्टीरिऑइड वायुमंडलीय नाइट्रोजन को अमोनिया में परिवर्तित करते हैं। अमोनिया का विसरण पादप कोशिकाओं में हो जाता है जहाँ इससे ग्लूटामिन, ग्लूटामेट व एसपारटेट का निर्माण होता है।

12.1.5 नाइट्रोजन स्थिरीकरण की क्रियाविधि (Mechanism of Nitrogen Fixation)

नाइट्रोजन स्थिरीकरण, नाइट्रोजिनेज एन्जाइम की उपस्थिति में होता है, जो ऑक्सीजन के प्रति अति संवेदनशील होता है। यह ऑक्सीजन की उपस्थिति में अक्रिय हो जाता है। नाइट्रोजिनेज एन्जाइम को ऑक्सीजन के सम्पर्क से रोकने के लिए मूल ग्रंथि में लेगहिमोग्लोबिन (leghaemoglobin) व हाइड्रोजिनेज (hydrogenase) की अहम भूमिका होती है। लेगहिमोग्लोबिन (LHB) नोडूलिन (nodulin) प्रोटीन समूह का प्रमुख घटक है। मूल ग्रंथियों (root nodules) में पाया जाने वाला लाल वर्णक, जो बैक्टीरियोड (bacteroid) के बाहर लेकिन इसके निकट सम्पर्क में रहता है। लेगहिमोग्लोबिन का प्रोटीन भाग पादप जीनोम से व हीम भाग बैक्टीरियोड द्वारा निर्मित होता है। लेगहिमोग्लोबिन ऑक्सीजन से संयुक्त होकर ऑक्सीलेगहिमोग्लोबिन (oxyleghaemoglobin) जो पादप कोशिकाओं को ऑक्सीजन की पूर्ति करता है व बैक्टीरियोड के आस–पास ऑक्सीजन की मात्रा कम हो जाती है। ऑक्सीजन की कम मात्रा नाइट्रोजिनेज क्रियाविधि को कम नहीं कर पाती है व नाइट्रोजन स्थिरीकरण सुचारू रूप से चलता रहता है। *राइजोबियम* के कुछ उपभेदों (strains) में हाइड्रोजिनेज (hydrogenase) एन्जाइम पाया जाता हैं। हाइड्रोजिनेज एन्जाइम हाइड्रोजन व ऑक्सीजन को संयुक्त कर जल का निर्माण करता है। यह बैक्टीरियोड के नजदीक से ऑक्सीजन की मात्रा कम करता है व नाइट्रोजिनेज की क्रियाविधि सुचारू रूप से चलती है।

12.2 नाइट्रोजन स्थिरीकरण की आनुवंशिकी (genetics of nitrogen fixation)

सहजीवी नाइट्रोजन स्थिरीकारक की आनुवंशिकी के लिए पादप व जीवाणुओं के जटिल आनुवंशिकी सम्बन्धों का अध्ययन आवश्यक है। सहजीवी संबंधों की आण्विक जैविकी (molecular biology) का अध्ययन कृषि क्षेत्र के लिए अति महत्वपूर्ण है। पौधे व जीवाणुओं में आपसी संबंध का अध्ययन व जैव रासायनिक प्रक्रिया का आनुवंशिक स्तर पर बदलाव कर नाइट्रोजन स्थिरीकरण की क्षमता को बढ़ाया जा सकता है। स्वतंत्र जीवी (free living) नाइट्रोजन स्थिरीकारक (nitrogen fixer) *क्लेबसिएला* (*Klebsiella pneumoniae*) को नाइट्रोजन स्थिरीकरण की जैवरासायनिक आनुवंशिकी के लिए प्रतिमान तंत्र (model system) के तौर पर लिया जाता है। यह स्वंतत्र जीवी जीवाणु *क्लेबसिएला* में नाइट्रोजन स्थिरीकरण से सम्बंधित करीब 17 जीन (nif gene) गुणसूत्र Mh, u, (chromosomal DNA) में समूह (cluster) में पाए जाते हैं।

निफ एच (nif H) जीन नाइट्रोजिनेज रिडक्टेज (nitrogenase reductase) प्रोटीन एवं निफ डी (nif D) व निफ के (nif K) जीन नाइट्रोजिनेज प्रोटीन के दो संघटकों का निर्माण करते हैं। पाँच जीन (nif B, Q, V, N and E) आयरन-मोलिब्डेनम सहकारक (cofactor) संश्लेषण व दो जीन (nif F and J) नाइट्रोजिनेज रिडक्टेज को इलेक्ट्रॉन स्थानान्तरण के लिए आवश्यक पॉलीपेटाइड का निर्माण करते हैं। तीन जीन (nif M,S and V) नाइट्रोजिनेज कॉम्पलेक्स (nitrogenasc complex) को पूर्णतया कार्यक्षम बनाने एवं दो जीन निफ ए व निफ एल (nif A and nif L) समस्त निफ जीन की अभिव्यक्ति को नियंत्रित करने के लिए निहित होते हैं। सहजीवी (symbiotic) नाइट्रोजन स्थिरीकरण में जीवाणु व पादप में आपसी सम्बधों के अध्ययन के लिए राइजोबियम को प्रतिमान तंत्र (model system) के रूप में लिया जाता है।

12.3 नाइट्रोजन स्थिरीकरण की आनुवंशिक अभियांत्रिकी (Genetic Engineering of Nitrogen Fixation)

विगत वर्षों में सूक्ष्मजीवीय आनुवंशिक ज्ञान के विस्तार के कारण आनुवंशिक अभियांत्रिकी जैसे संवदेनशील क्षेत्र में आशातीत वृद्धि हुई है। आनुवंशिक अभियांत्रिकी का प्रयोग कर मुख्यत: चार विधियों द्वारा नाइट्रोजन की कमी वाली मृदा में पाये जाने वाले पौधों के लिए आवश्यक नाइट्रोजन में वृद्धि की जा सकती है, ये

निम्न हैं–

1. सहजीवी नाइट्रोजन स्थिरीकारण जीवाणुओं के **परपोषियों परास** (host range) में वृद्धि कर, इन जीवाणुओं द्वारा उन पादपों में भी सहजीवी सम्बन्ध स्थापित किए जा सकते हैं, जो प्रकृति में असंभव है।
2. नाइट्रोजन स्थिरीकरण योग्यता में वृद्धि कर।
3. नाइट्रेट (nitrate) की उपस्थिति में नाइट्रोजन स्थिरीकरण।
4. नाइट्रोजन स्थिरीकरण जीन (nitrogen fixing gene) को असहजीवी (non-symbiotic) पौधों में स्थानान्तरित कर।

12.3.1 नाइट्रोजन स्थिरीकारक जीवाणु के परपोषी परास (host range) में वृद्धि

पौधों में ग्रंथि निर्माण (nodulation) के लिए निर्धारित आनुवंशिक निर्धारक पौधे एवं जीवाणु दोनों में मौजूद रहते हैं। इस प्रकार पौधे व जीवाणु दोनों में आनुवंशिक परिवर्तन कर यह उद्देश्य पूरा किया जा सकता है।

जीवाणु जीन में परिवर्तन (manipulation) : ग्रंथि निर्माण करने वाले जीवाणु (nodulating bacteria) का नोड जीन (ग्रंथि निर्माण का जीन), नाइट्रोजन स्थिरीकरण करने वाले परन्तु ग्रंथि निर्माण में अक्षम जीवाणुओं में नोड जीन स्थानान्तरित कर ग्रंथि निर्माण में सक्षम बनाया जा सकता है। उदाहरणतया, *राइजोबियम लेग्यूमिनोसेरम* जो केवल मटर के पौधों में ग्रंथि निर्माण करता है, के प्लाज्मिड को *राइजोबियम फेजियोलाइ* (जो केवल बीन पादपों (bean plant) में नाइट्रोजन स्थिर करता है) में स्थानान्तरित कर *राइजोबियम लेग्यूमिनोसेरम* जीवाणु के परपोषी परास (host range) को बढ़ाया जा सकता है।

12.3.2 नाइट्रोजन स्थिरीकरण क्षमता में वृद्धि कर

(अ) अधिक नाइट्रोजन स्थिरीकरण वाले जीवाणु उपभेद (strain) का चयन कर नाइट्रोजन स्थिरीकरण क्षमता में वृद्धि की जा सकती है।

(ब) नाइट्रोजिनेज एन्जाइम द्वारा हाइड्रोजन के निरर्थक (wasteful) निष्कासन को कम करके नाइट्रोजन स्थिरीकरण की क्षमता को बढ़ाया जा सकता है।

एल्डर (Alder non-legume) एवं काऊपी (cowpea), जिनमें मूल ग्रंथि का निर्माण होता है, जो निरर्थक का निष्कासन नहीं करते हैं एवं निष्कासित हाइड्रोजन का पुनः उपयोग कर लेते हैं। हाइड्रोजन उद्ग्रहण हाइड्रोजिनेज एन्जाइम

(H_2–uptake hydrogenase enzyme) जो मुक्त हाइड्रोजन का पुन: अवशोषण कर उपयोग में लेने में सक्षम हैं। इस जीन का विभिन्न *राइजोबियम* उपभेदों (strains) में स्थानान्तरण कर नाइट्रोजन स्थिरीकरण की क्षमता को बढ़ाया जा सकता है।

12.3.3 नाइट्रेट की उपस्थिति में नाइट्रोजन स्थिरीकरण

वातावरण में मौजुद नाइट्रेट (nitrate), नाइट्रोजिनेज एन्जाइम (nitrogenase enzyme) संश्लेषण में अवरोध उत्पन्न करती है, जिससे नाइट्रोजन स्थिरीकरण में कमी आती है। *ऐजेटोबेक्टर* (*Azotobacter*) में कुछ ऐसे उपभेद (strain) अलग करने में सफलता मिली है जो कि इस प्रकार की अवरोधित अवस्था में नाइट्रोजन को स्थिर करने में सक्षम है। इन उपभेदों (strain) को ऐसी मृदा में स्थानान्तरित किया जाता है जिसमें पौधे प्राकृतिक अवस्था में मृदा में उपस्थित नाइट्रेट का उपयोग करने में असमर्थ होते हैं।

12.3.4 नाइट्रोजन स्थिरीकरण जीन का नोनलेग्युमिनेसी (non-leguminous) पौधों में स्थानान्तरण

सहजीवी सम्बन्ध के बिना भी नाइट्रोजन स्थिरीकारक जीन (nitrogen fixing gene) को नॉनलेग्यूमिनस (non-leguminous) पौधों में स्थानान्तरित कर पौधों में नाइट्रोजन स्थिरीकरण सम्भव हो सकता है। *क्लेबसिएला न्यूमोनी* (*Klebsiella pneumoniae*) जीवाणु से नाइट्रोजन स्थिरीकरण जीन समूह को *ई. कोलाई* (*E. coli*) में स्थानान्तरित किया गया और ये जीव ऑक्सीजन मुक्त नियंत्रित अवस्था में नाइट्रोजन क्रिया विधि दर्शाते हैं। नाइट्रोजन स्थिरीकारक पौधों की आनुवंशिक अभियांत्रिकी एक कठिन लक्ष्य है, क्योंकि इसमें नाइट्रोजन स्थिरीकारक जीन के स्थानान्तरण के अलावा पादप नोड्यूलिन (nodulins) जीन का स्थानान्तरण आवश्यक है।

अध्याय-13

नेनो जैवप्रौद्योगिकी (Nano Biotechnology)

नेनो जैवप्रौद्योगिकी, नेनोस्केल (10^{-9}) आधारित तकनीक है। यह भौतिकी (quantum mechanics), आण्विक जैविकी (molecular biology), तकनीकी क्रांति (miniaturization) व कम्प्यूटर के सहयोग से विकसित तकनीक है, जो आण्विक अभिकल्पन (molecular designing), परीक्षण, उपचार व रोग निदान में विशेष सहयोगी है।

क्वान्टम यांत्रिकी (quantum mechanics), जीनोमिक्स (genomics) व सूचना तकनीकी (information technology) के विशेषित ज्ञान के आपसी सामंजस्य से विकसित नेनो जैव प्रौद्योगिकी ने जैव अनुसंधान के क्षेत्र में, नये आयाम स्थापित किये हैं।

क्वाण्टम यांत्रिकी (Quantum Mechanics)

क्वाण्टम यांत्रिकी का ज्ञान अस्पष्ट कणों व न्युक्लियर बलों (nuclear forces) के अध्ययन से सम्बन्धित है। यह नेनोस्केल प्रक्रियाओं जैसे- प्रकाश का उत्सर्जन, इलेक्ट्रॉन स्थानान्तरण व डी एन ए में क्वाण्टम सुरंग आदि के अध्ययन को आधार प्रदान करता है। जीवों में कण आपस में कैसे जुड़े रहते हैं, डीएनए जीव विकास व परिवर्धन को कैसे नियंत्रित करता है, रोग विकास का मौलिक आधार क्या है, इन सभी प्रश्नों का हल क्वाण्टम यांत्रिक के सहयोग से संभव है।

जीनोमिक्स (Genomics)

डीएनए संरचना व जीनोम क्रम (Genomics) की खोज से आण्विक निर्माण व बायोमेडिकल अनुसंधान में विशेष प्रगति हुई है। इनकी सहायता से विभिन्न क्षेत्रों में

सफलताएँ हासिल की गई है, जैसे–

1. ड्रग निर्माण प्रक्रिया में परिवर्तन (by gene modification)।
2. ड्रग का मेसेंजर आरएनए (mRNA) आधारित नेनो तंत्र से वितरण।
3. विशेष जीन व जीन उत्पादों का कोशिका, ऊतकों व अंगों में पहचान।
4. विभिन्न जीन व प्रोटीन मिलकर किस प्रकार एक तंत्र में कार्य करते है।
5. जीन व रोगों में संबंध के अध्ययन इत्यादि।

सूचना तकनीकी (Information Technology)

माइक्रोप्रोसेसर के लघुकरण (miniaturization), डाटा संग्रहण तंत्र (data storage system), कम्प्यूटर की गति व सामर्थ्य (speed and capacity) में वृद्धि व विकास ने सूचना तकनीकी (IT) को विशेष सहयोग दिया है। सूचना तकनीकी के विकास से जैविकी में अनुसंधान से संबंधित सूचनाओं के संग्रहण (storage) विश्लेषण (analysis) व व्याख्या (interpretation) में विशेष भूमिका है।

क्वाण्टम जीनोमिक्स तकनीकी (Quantum Genomics Technology –QGT)

इस तकनीक से नए नेनो उपकरणों का निर्माण संभव हुआ है जैसे–

1. कार्बन नेनोट्र्यूब से नेनोबियरिंग व नेनोमीटर निर्माण।
2. नेनोप्रोब (परीक्षण व जांच के लिए) व नेनो संवेदकों (fluorescent based) जो शरीर में जैव रासायनिक प्रक्रियाओं की जांच कर सकते हैं।
3. नेनोवाहकों द्वारा लक्षित ड्रग का वितरण (targeted drug coated with antibody and fluorescent)।
4. जैव सूचकों (bioindicators) से रोगों की प्रारम्भिक जांच।
5. कृत्रिम हृदय वाल्व, नाइलोन धमनियाँ व कृत्रिम जोड़।
6. नेनोरोबोट, शरीर में रोगी कोशिकाओं व रोग कारकों की पहचान व रिमोट कंट्रोल द्वारा इनमें लगी नेनो छड़ों (nanorods) से उनको नष्ट किया जा सकता है।

अध्याय-14

डीएनए फिंगरप्रिंटिंग
(DNA Fingerprinting)

यूकेरियोटिक जीवों में कुछ क्षारक्रमों (base sequences) की बारम्बार पुनरावृत्ति (repetition) होती है। जब यूकेरियोट के डीएनए को विखंडित (fragmented) कर सीजियम क्लोराइड (CsCl) घनत्व प्रवणता (density gradient) में अपकेंद्रित (centrifuge) किया जाता है, तो एक मुख्य धारी (main band DNA) डीएनए के अलावा कई छोटी डीएनए की धारियों में (small band DNA) अलग हो जाती है। ये छोटी धारियाँ (small bands) पुनरावृत्त डीएनए क्रमों की होती है इन्हें सेटेलाइट डीएनए (satellite DNA) कहते हैं। पुनरावृत्त डीएनए क्रम (repeated DNA sequences) मुख्य धारी (main DNA band) से तभी अलग दिखाई देगा जब इनका क्षार संगठन (base composition) मुख्य डीएनए धार से अलग होता है, अन्यथा मुख्य व सेटेलाइट डीएनए एक ही धार में स्थित रहेंगें। पुनरावृत्त डीएनए क्रम मुख्यत: विषमवर्णों (heterochromatin) गुणसूत्रों में स्थित होते हैं। क्षार समूहों (cluster) की लम्बाई के आधार पर सेटेलाइट डीएनए के मुख्यत: तीन प्रकार हैं।

क्लासिकल सेटेलाइट डीएनए (Classical satellite DNA)

100–500 केबी (kilo base- kb) लम्बाई के सेन्ट्रोमीयर के एल्फा पुनरावृत्त (alpha repeats)।

लघुसेटेलाइट डीएनए (Minisatellite DNA)

100 क्षार युग्म (base pair-bp) से 20 केबी (kb), के टीलोमीयर पुनरावृत्त।

सूक्ष्म सेटेलाइट डीएनए (Microsatellite)

इसमें 1 क्षार युग्म (bp) के पुनरावृत्त को सम्मिलित किया जाता है। मानव के सीए या जीटी (CA/GT) द्वि–न्यूक्लियोटाइड पुनरावृत्त का उपयोग डीएनए फिंगरप्रिटिंग में मुख्यतः किया जाता है। नोनकोडिंग डीएनए (non-coding conserved DNA repeats) एक प्रजाति के जीवों में समान नहीं होते हैं। एक मनुष्य के एक स्थल के नोनकोडिंग डीएनए (non-coding DNA repeats) पुनरावृत्त दूसरे मनुष्य से अलग होते हैं। इन डीएनए पुनरावृत्त को मानव की पहचान के लिए उपयोग में लिया जाता है, इसे डीएनए फिंगरप्रिटिंग (DNA fingerprinting) कहते हैं। डीएनए में इस भिन्नता को डीएनए बहुरूपता (DNA polymorphism) कहते हैं। ये डीएनए पुनरावृत्त exon या intron में हो सकते हैं।

प्रोफेसर ऐलेक जेफरे (Allec Jeffrey, 1988) ने डीएनए को मानव पहचान के लिए उपयोग किया। उन्होंने डीएनए विश्लेषण से अवलोकन किया कि मानव के ग्लोबिन जीन को घेरने वाले भाग (flanking region) इन्ट्रोन (intron) डीएनए क्रम (मुख्यतः GATA क्रम) एक व्यक्ति से दूसरे व्यक्ति में भिन्न होते हैं। इन क्रमों को उन्होंने डीएनए फिंगरप्रिटिंग में जाँच हेतु क्षार क्रम (probe) के लिए उपयोग किया। यह 33 बीपी (bp) युक्त एक लघु सेटेलाईट (minisatellite) है, जिसकी संख्या प्रत्येक व्यक्ति में अलग–अलग होती है। इस विधि में डीएनए के नमूने को रेडियो एक्टिव प्रोब (probe) के संकरण के आधार पर पहचाना जाता है।

डीएनए फिंगर प्रिंटिंग (DNA Finger Printing)

नोन कोडिंग क्रम (conserved repeats) जो सभी व्यक्तियों (जुड़वा के अलावा) में असमान होते हैं, को डीएनए फिंगरप्रिटिंग में उपयोग किया जा सकता है। यह दो विधियों द्वारा कराया जाता है–

डीएनए प्ररूप (DNA Typing)

इस विधि में डीएनए नमूने को प्रतिबंधित एन्जाईम (restriction enzyme) से काटकर, इलेक्ट्रोफोरेसिस से अलग कर प्रोब क्षारक्रम से संकरण (hybridization) कराकर पहचान की जाती है।

डीएनए पार्श्वचित्र (DNA Profiling)

इस विधि में डीएनए नमूने को प्राइमर (primer) का उपयोग कर पीसीआर (PCR) में प्रवर्धित (amplify) किया जाता है। तत्पश्चात् अभिरंजित (stain) कर

पहचाना जाता है। प्रतिबंधित एन्जाइम व पीसीआर से प्रवर्धित डीएनए टुकड़े (fragments) लम्बाई (क्षार संख्या) में अलग-अलग होते हैं, यही बहुरूपता (polymorphism) डीएनए फिंगर प्रिटिंग का आधार होता है। एक जीन के दो या अधिक रूपों को एलील (allele) कहते हैं, जो सम या विषमयुग्मनजी (homo or heterozygous) हो सकते हैं। समयुग्मनजी एलील में एक डीएनए पट (DNA band) दिखता है (Fig 14.1, Lane 1)। विषययुग्मनजी व्यक्ति के दोनों एलील में क्षार क्रम पुनरावृत्त (base sequence repeats) की संख्या अलग-अलग होती है व इलेक्ट्रोफोरेसिस में दो अलग-अलग डीएनए पट दिखते हैं (Fig 14.1, Lane 2)।

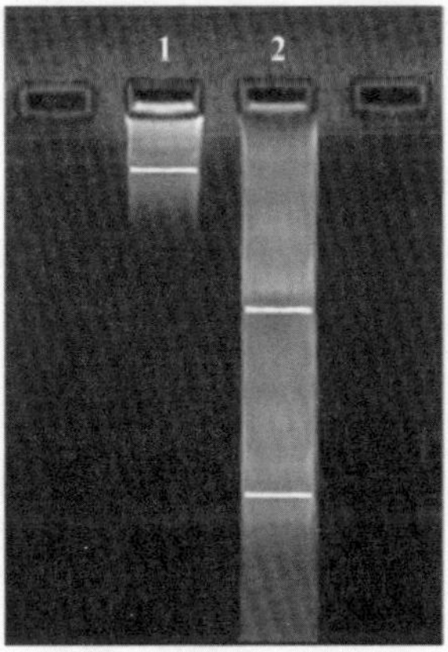

Fig. 14.1 : DNA fingerprinting (Agarose electrophoresis)

वीएनटीआर (VNTRs)

एक के बाद एक (tandem) व्यवस्थित पुनरावृत्त क्षारक्रम की विभिन्नता की संख्या को वीएनटीआर (Variable number of tandem repeats) कहते हैं।

लघुटेन्डम पुनरावृत्त (Short Tandem Repeats or STRs)

द्वि, त्रि, चतुर्थ, पंचम न्यूक्लिओटाइड (1-9) जो कई बार पुनरावृत्त हो सकते हैं, उदाहरणतया मनुष्य का सीए (CA) न्यूक्लिओटाइड। इस विधि में बहुत कम मात्रा (100 bp) के डीएनए के नमूने को भी फिंगरप्रिटिंग में उपयोग में ले सकते हैं।

■ ■ ■

प्रमुख पादप जैवप्रौद्योगिकविज्ञ

हेबरलैंड –

हेबरलैंड को **'ऊतक संवर्धन का जनक'** कहा जाता है। इन्होंने सर्वप्रथम पादप कायिक कोशिकाओं को पौधों के अंगो से अलग कर कायिक कोशिकाओं में पूर्णशक्तता को प्रमाणित करने के लिए कोशिका संवर्धन प्रारम्भ किया।

कोटे –

इन्होंने मटर व मक्का की छोटी मूलाग्रों को नोप के घोल (ग्लूकोज, अमीनो अम्ल एवं अन्य पोष पदार्थ) में लम्बे समय तक संवर्धन किया।

रोबिन्स –

इन्होंने मक्का की मूलों का सफलतापूर्वक संर्वधन किया। उन्होंने खमीर के घोल को पादप अंगों के संवर्धन में उपयोग कर वृद्धि कारक के रूप में उसकी महत्ता पहचानी।

व्हाइट –

इन्होंने खमीर के घोल एवं रोबिन्स द्वारा उपयोग में लाए गए पोषण घोल में टमाटर की मूलों का सर्वप्रथम असीमित संवर्धन किया व तम्बाकू की दो जातियों के संकर पादप के ट्यूमर से ऊत्तक का संवर्धन किया।

लू –

इन्होंने *एस्पेरेगस* के स्तम्भ के अग्र भाग का संवर्धन किया।

बॉल –

इन्होंने शीर्ष विभाज्योत्क से सम्पूर्ण पादप प्राप्त कर कायिक गुणन या सूक्ष्मप्रवर्धन की आधारशिला रखी।

मोरेल व मार्टिन –

इन्होंने वाइरस संक्रमित डाहेलिया के प्ररोह अग्रस्थ से वाइरस मुक्त पादप प्राप्त किये।

गोथरे –

इन्होंने वृक्ष की जातियों के केम्बियम कोशिकाओं का संवर्धन किया।

गोथरे व नोबेकोर्ट –

इन्होंने ऑक्सिन का उपयोग किया एवं पाया कि इससे कैलस की वृद्धि हुई।

स्कूग –

इन्होंने इस बात पर सहमति जताई की नारियल के दूध में एडीनिन (एक प्यूरिन) पाया जाता है। कोशिका विभाजन कारक की खोज में लगे स्कूग के समूह ने क्षय हुए डी.एन.ए. में भी यह कारक खोजा।

स्कूग एवं मिलर –

इन्होंने पुराने डीएनए निचोड़ को एडिनिन के व्युत्पन्न के रूप में प्रयुक्त किया एवं पाया कि यह ऑक्सिन की उपस्थिति में कोशिका विभाजन, गुणन एवं कलिका निर्माण में प्रेरण का कार्य करता है। यह कारक पृथक किया गया व इसे 6–फरयूरिलएमीनोप्यूरिन के रूप में पहचाना गया व इसे काइनेटिन नाम दिया। इन्होंने सिद्ध किया कि पौधों में अंगों (मूल व स्तम्भ) का निर्माण ऑक्सिन व साइटोकाइनिन के परस्पर अनुपात पर निर्भर करता है।

रेनर्ट –

इन्होंने गाजर की कायिक कोशिकाओं से भ्रूण निर्माण द्वारा कायिक कोशिका की पूर्णशक्तता का प्रदर्शन किया लेकिन वे यह प्रमाणित नहीं कर पाए थे कि कायिक भ्रूण एक कोशिका से बना है या कोशिकाओं के समूह से।

वासिल एवं हिलब्रांट –

इन्होंने प्रदर्शित किया कि तम्बाकू की विलगित एकल कायिक कोशिका विभाजित होकर कोशिकाओं का समूह बनाती है जो पूर्ण पौधे का निर्माण करती है। लेकिन इनके प्रयोगों में यह प्रमाणित करने के साक्ष्य नहीं थे कि पूर्ण पौधे का निर्माण एक कोशिका के विभाजन एवं विभेदन से बने कायिक भ्रूण द्वारा हुआ है या कोशिका समूह द्वारा।

बेक्सह्यूसमान एवं रेनर्ट –

इन्होंने चित्रों द्वारा यह सिद्ध किया कि गाजर की एक कायिका कोशिका रूपान्तरित होकर कायिक भ्रूण का निर्माण करती है, जो कायिक कोशिका की

पूर्णशक्तता को प्रमाणित करती है। इस प्रकार **हेबरलैंड** द्वारा की गई कल्पना की पुष्टि कायिक कोशिका से कायिक भ्रूण निर्माण द्वारा पूर्ण हुई।

मुर –

इन्होंने एकल कोशिका का विभाजन सक्रिय वृद्धि कर रहे कैलस पर रखे फिल्टर पेपर, पर रख कर किया। सक्रिय कैलस से कोशिका विभाजन प्रेरित करने वाले कारक फिल्टर पेपर से छनकर कोशिका तक पहुंचते हैं, व विभाजन को प्रेरित करते हैं।

जोन्स –

इन्होंने एकल कोशिका का संवर्धन करने के लिए सूक्ष्म कक्ष बनाए व एकल कोशिका का संवर्धन अनुकूलित माध्यम में किया। अनुकूलित माध्यम में कैलस से स्रावित कोशिका विभाजन को प्रेरित करने वाले कारक मौजूद रहते हैं।

वासिल व हिलब्रांड –

इन्होंने अनुकूलित माध्यम के स्थान पर साधारण संवर्धन माध्यम में नारियल दूध मिलाकर तम्बाकू की एकल कोशिका से सम्पूर्ण पादप का संवर्धन किया। उन्होनें तम्बाकू की संकर कोशिका को एक स्लाइड पर संवर्धन माध्यम पर रखा व सूक्ष्मदर्शी से अवलोकन किया।

गुहा व माहेश्वरी –

इन्होंने तम्बाकू के अपरिपक्व पराग कणों से अगुणित पादप प्राप्त किये।

ई.सी. कोकिंग –

इन्होंने एन्जाइमों (सेल्यूलेज व पेक्टिनेज) से जीवद्रव्यक को पृथक्क कर संपूर्ण पादप प्राप्त किये। जीवद्रव्यक संलयन से उन असंगत जातियों व जीनस के बीच संकर उत्पन्न कर सकते है जिन पर परागण से संभव नहीं होता है।

ब्राउन –

इन्होंने सुझाव दिया कि *एग्रोबैक्टीरियम* के टी.आई प्लाज्मिड में पादपों में ट्यूमर (अनियंत्रित कोशिका विभाजन) उत्पन्न करने की क्षमता होती है। ये प्लाज्मिड अपना एक भाग टी. डी.एन.ए. पौधों के जीनोम में स्थानान्तरित करते हैं, जो ट्यूमर बनाता है। इस टी.डी.एन.ए के ट्यूमर वाले भाग के स्थान पर वांछित जीन जोड़ कर पौधों में जीन स्थानान्तरित किया जा सकता है।

मुराशिगे व स्कूग –

इन्होंने विच्छेदित पादप कोशिकाओं व अंगों (जड़, तना, पत्ती) की वृद्धि व विकास में आवश्यक कृत्रिम संवर्धन माध्यम का निर्माण किया।

ह्वींज व मी –

इन्होंने कोशिका व ऊत्तक संवर्धन से पुनर्जनित गन्ने के पौधों में वंशानुगत आकारिकी परिवर्तनों (कायक्लोनिय विभिन्नताएँ) का अवलोकन किया।

डेबर्ग एवं मीन –

इन्होंने सूक्ष्मप्रवर्धन की '0' (Zero) अवस्था प्रतिपादित की जिसमें एक्सप्लांट के स्त्रोत पौधों को ग्रीन हाउस में उगाया जाता है, ताकि पौधे अधिक स्वस्थ एवं संदूषण मुक्त रहें।

क्लेरकर –

इन्होंने जीवद्रव्यक पृथक्करण की यांत्रिक विधि की शुरूआत की।

कस्टर –

इन्होंने जीवद्रव्यकों के स्वत: संलयन को प्रस्तुत किया।

पॉवर –

इन्होंने सोडियम नाइट्रेट द्वारा जीवद्रव्यक संलयन प्रदर्शित किया।

कार्लसन –

इन्होंने सोडियम नाइट्रेट का उपयोग कर तम्बाकू की दो प्रजातियों के जीवद्रव्यक के संलयन से प्रथम कायिक संकरण प्राप्त किया।

केलर व मेल्चर्स –

इन्होंने उच्च पी.एच. व कैल्सियम आयन से जीवद्रव्यक संलयन प्रदर्शित किया।

काओ एवं मिचयालुक –

इन्होंने पेग से जीवद्रव्यक संलयन प्रदर्शित किया।

मेल्चर्स –

इन्होंने आलू व टमाटर के जीवद्रव्यक संलयन से प्रथम अंतरवंशीय संकर उत्पन्न किया।

सेंडा –

इन्होंने सर्वप्रथम जीवद्रव्यकों का वैद्युतिक संलयन प्रदर्शित किया।

जिमरमान –

इन्होंने वैद्युतिकसंलयन तंत्र का विकास किया।

ऐलेक जेफरे –

इन्होंने डीएनए को मानव पहचान के लिए उपयोग किया एवं डीएनए विश्लेषण से अवलोकन किया कि मानव के ग्लोबिन जीन को घेरने वाले भाग इन्ट्रोन के डीएनए क्रम एक व्यक्ति से दूसरे व्यक्ति में भिन्न होते हैं। इन क्रमों को उन्होंने डीएनए फिंगरप्रिटिंग में जाँच हेतु उपयोग किया।

शब्दकोष

पूर्णशक्तता – एक कोशिका में नए जीव को उत्पन्न करने की क्षमता।

पादप ऊत्तक संवर्धन – पादप कोशिकाओं, उतकों व अंगों को पादपों से विच्छेदित कर प्रयोगशाला की संदूषण विहीन एवं नियंत्रित अवस्थाओं जैसे ताप, प्रकाश व आर्द्रता में संवर्धन।

पादप जैवप्रौद्योगिकी – तकनीकी उपयोग द्वारा जीव, जैविक तंत्र या उनके व्युत्पन्न द्वारा निर्मित उत्पाद का उत्पादन, उसमें परिवर्तन या प्रक्रिया में फेरबदल से नए उत्पादों का बहुतायत में निर्माण।

कायिक भ्रूण – कायिक कोशिका से निर्मित भ्रूण।

कैलस – अविभेदित कोशिका समूह।

एक्स प्लांट – पादप से विच्छेदित कोशिका, ऊत्तक व अंग।

तरल संवर्धन – अगर रहित माध्यम एक कोशिकीय संवर्धन एवं पौधों के द्वितीयक उत्पादकों के निर्माण में उपयोगी है। तरल माध्यम के विलोडन से कोशिकाएँ समूहों में न रहकर अलग–अलग हो जाती हैं, जो एक कोशिकीय संवर्धन में उपयोग में ली जा सकती है।

अनुकूलित माध्यम – ऐसा माध्यम जिसमें पूर्व में कैलस का संवर्धन किया गया है एवं कैलस से स्त्रावित कोशिका विभाजन को प्रेरित करने वाले कारक माध्यम में मौजूद रहते हैं।

अगुणित पादप – लघुबीजाणुओं या परागकण व अनिषेचित अण्ड से निर्मित पादप।

परागकोष या पराग संवर्धन – परागकोषों या विलगित परागकणों के संवर्धन से उत्पन्न कैलस अगुणित पादप व कोशिकाओ के गुणसूत्र द्विगुणन से समयुग्मक वंशक्रम प्राप्त किये जा सकते हैं।

भ्रूण बचाव – दूरस्थ संकरण (दो जाति अथवा जीनस) से उत्पन्न लाभदायक गुणों युक्त भ्रूण यदि अण्डाशय में जीवित नहीं रहता है तब ऐसे संकर भ्रूण को अण्डाशय से निकाल कर कृत्रिम पोषण माध्यम पर संवर्धन कर बचाया जा सकता हैं व इससे नई किस्म के पौधे प्राप्त किये जा सकते हैं।

जीवद्रव्यक – कोशिका भित्ति रहित पादप कोशिका।

कायिक संकर – दो भिन्न जातियों के जीवद्रव्यक के संलयन से उत्पन्न संकर।

परखनली निषेचन – नर व मादा युग्मकों का कांच पात्रों में संलयन कर युग्मनज उत्पन्न किया जा सकता है, तथा इसके विभाजन व विभेदन से संकर पौधे प्राप्त किये जा सकते हैं।

दृढ़िकरण – कांच पात्रों में पुर्नजनित नव पादपों को कांच की बोतलों में भरे कृत्रिम मृदा में संरोपित कर कांच गृहों में उच्च आर्द्रता व निम्न ताप से कम आर्द्रता व उच्च तापमान में क्रमिक रूप से स्थानान्तरित किया जाता है। यह प्रक्रिया दृढ़िकरण कहलाती है, जिसमें नव पादप कार्यिकी व आकारिकी रूप से उच्च ताप व प्रकाश को सहन करने में सक्षम हो जाते हैं।

अंग जनन – कैलस कोशिकाओं में प्ररोह व मूल विभेदन।

क्लोन – कोशिका या स्त्रोत पादप की प्रतिकृति।

कृत्रिम बीज – कृत्रिम आवरण से आवेशित कायिक भ्रूण जाइगोटिक भ्रूण की तरह नये पौधे को उत्पन्न करने में सक्षम होते हैं।

कायक्लोनिय विभिन्नताएँ – ऊत्तक संवर्धन से पुनर्जनित पादपों में वंशानुगत परिवर्तन।

कैलिक्लोन – कैलस से पुनर्जनित पादपों में वंशानुगत परिवर्तन।

प्रोटोक्लोन – जीवद्रव्यक से पुनर्जनित पादपों में वंशानुगत परिवर्तन।

युग्मकीयक्लोन – युग्मक से पुनर्जनित पादपों में वंशानुगत परिवर्तन।

सूक्ष्मप्रर्वधन – कम समय व सीमित स्थान (परखनली, फ्लास्क) में प्रयोगशाला की संदूषण विहीन एवं नियंत्रित अवस्थाओं में पौधों का बहुतायत में गुणन।

साइब्रिड – एक कोशिका का केन्द्रक युक्त कोशिका द्रव्य व दूसरी कोशिका के कोशिका द्रव्य का संलयन।

द्वितीयक उपापचयी – प्राथमिक उपापचयन क्रियाओं के उपउत्पादों से निर्मित द्वितीयक उपापचयी जैसे एल्केलॉयड, स्टीरॉयड, टर्पीनॉयड, एन्थोसाइनिन, एन्थ्राक्विनॉनस, रेजिन व टेनिन।

कोशिका निलंबन संवर्धन – विलगित पादप कोशिका का तरल माध्यम में संवर्धन इसमें सभी कोशिकाएँ अलग–अलग रहती है व माध्यम व वातावरणीय कारकों से परोक्ष रूप में सम्पर्क में रहती है।

जैवरिएक्टर – कांच या स्टील का पात्र जिसमें जीवों की कोशिकाओं या अंगो का संवर्धन किया जाता है।

द्विअगुणित – अगुणित गुणसूत्र के द्विगुणन से बने द्विअगुणित पौधे सभी जीनों के समयुग्मकी व यथार्थ प्रजननीय होते हैं।

वास स्थान संरक्षण – पौधों का उनके वास स्थान पर संरक्षण।

मंद वृद्धि संरक्षण – जर्मप्लाज्म का कम तापमान (4.8 °C) व प्रकाश (8घंटे प्रतिदिन) पर संग्रहण ।

शीतन परिरक्षण – जर्मप्लाज्म को तरल नाइट्रोजन (-196 °C) पर रखा जाता है। इस विधि से संग्रहण कई वर्षो तक रखा जा सकता है।

आनुवंशिक आभियांत्रिकी – दूरस्थ पादपों के वांशित गुणों को निर्धारित करने वाले जीन को फसली पौधों कि कायिक कोशिका में स्थानान्तरित करने के लिए आनुवंशिक आभियांत्रिकी का सहारा लिया जाता हो

आनुवंशिक रूपान्तरण – बाहरी जीन को पादप कोशिका व जीनोम में स्थानान्तरित एवं समाकलित कराया जाता है ताकि यह जीन अभिव्यक्त होकर रूपान्तरित कोशिका में विशेष लक्षण प्रकट कर सके।

एग्रोबैक्टीरियम ट्यूमेफेसियंस – *एग्रोबैक्टीरियम ट्यूमेफेसियंस* को प्राकृतिक आनुवंशिक अभियन्ता माना जाता है, यह मृदा में पाया जाने वाला एक जीवाणु है जो द्विबीज पत्री पौधों में अनियंत्रित कोशिका वृद्धि कर गांठे बनाते हैं जिसे क्राउन गॉल रोग कहते हैं।

प्लाज्मिड – जीवाणुओं में जीनोम (डीएनए) के अतिरिक्त आनुवंशिक पदार्थ।

टीआई प्लाज्मिड – *एग्रोबेक्टिरियम ट्यूमेफेसियंस* ग्राम नेगेटिव मृदा जीवाणु में जीनोम (डीएनए) के अतिरिक्त आनुवंशिक पदार्थ होता है जिसे टीआई प्लाज्मिड कहते हैं।

टी–डीएनए – टीआई प्लाज्मिड का पौधे में स्थानान्तरण योग्य डीएनए को टी–डीएनए कहते हैं इसी डीएनए में वांशित गुणों वाले जीन को स्थानान्तरित किया जाता है ताकि यह पादपों में स्थानान्तरित किया जा सके।

आँकोजीन – ये ट्यूमर प्रेरण के जीन हैं जो ऑक्सिन व साइटोकाइनिन निर्माण के एन्जाइम उत्पन्न करते हैं। ऑक्सिन व साइटोकाइनिन अनियंत्रित कोशिका विभाजन को प्रेरित कर ट्यूमर बनाते हैं।

ओपाइन जीन – ये जीन अमीनों अम्ल व शर्करा युक्त यौगिकों का निर्माण करते है, जो जीवाणुओं के लिए कार्बन व नाइट्रोजन के स्रोत होते हैं।

विर जीन – टी–डीएनए स्थानान्तरण में सहयोग करते हैं।

जीवाणु गुणसूत्र जीन – जीवाणुओं की पादप कोशिकाओं से संलग्नता व समूह बनाने में आवश्यक हैं।

टी–डीएनए स्थानान्तरण संकुल – विर जीनएकल रज्जुक टी–डीएनए का निर्माण करता है जो पादप जीनोम से जुड़ जाता है।

जीन गन – सोने व टंगस्टन के सूक्ष्म कणों पर डीएनए (जीन) को चिपकाया जाता है। इन कणांक पर स्थित जीन को गन की सहायता से उच्च वेग से कोशिका के बाहरी अवरोध जैसे कोशिका भित्ति को भेद कर कोशिका के अंदर स्थानान्तरित किया जाता है।

इलेक्ट्रोपोरेशन – पादप प्रोटोप्लास्ट को जीन के सान्द्र घोल में रखा जाता है, व उच्च शक्ति की विद्युत नेनोसेकण्ड के लिए प्रवाहित की जाती है। इस विद्युत से प्लाज्मा झिल्ली में नेनोसेकण्ड के लिए सूक्ष्म रन्ध्र बनते हैं। इस समय बाहरी विलयन में मौजूद जीन कोशिका में स्थानान्तरित हो जाते हैं।

सूक्ष्म इन्जेक्शन – जीन को सूक्ष्म इंजेक्शन में भरकर कोशिकाओं ऊत्तकों व अंगों में स्थानान्तरित किया जाता है।

रासायनिक रूपान्तरण – प्रोटोप्लास्ट को पॉलीइथाइलीन ग्लाइकॉल व मैग्निशियम क्लोराइड से उपचारित कर प्रोटोप्लास्ट को जीन उद्ग्रहण के लिए प्रेरित किया जाता है।

बेसिलस थूरिंजिएंसिस – मृदा में पाए जाने वाले जीवाणु एक कीटनाशी क्रिस्टल प्रोटीन बनाते है जो कीटों के लारवा को नष्ट कर देते हैं।

नाइट्रोजन स्थिरीकरण – वायुमंडलीय नाइट्रोजन को उसके कार्बनिक एवं अकार्बनिक यौगिकों में परिवर्तन।

सहजीवी – सूक्ष्म जीव उच्च श्रेणी के पौधों के साथ सहजीवी जीवन व्यतीत करते हैं जैसे– *राइजोबियम* जीवाणु लेग्यूमिनेसी कुल के पौधों की ग्रंथियों में नाइट्रोजन स्थिरीकरण करते हैं।

निफ जीन – नाइट्रोजन स्थिरीकरण जीन पादप मूल एवं जीवाणुओं के बीच सहजीवी सम्बन्ध द्वारा नियंत्रित व निर्मित प्रोटीन (एन्जाइम) बनाते है जो नाइट्रोजन स्थिरीकरण करते हैं।

नोड जीन – नोड डी जीन स्वयं व अन्य नोड ए बी सी व एच जीन मूलरोम कुंडलिकरण व नोड एफ व ई जीन संक्रमण धागे के निर्माण को नियंत्रित करते हैं। नोड ए व बी पादप कोशिकाओं में समसूत्री विभाजन व नोड सी प्लाज्माझिल्ली में ग्राही निर्माण को प्रेरित करते हैं।

लेग्हीमोग्लोबिन – मूल ग्रंथियों में पाया जाने वाला लाल वर्णक जो नाइट्रोजिनेज एन्जाइम को ऑक्सीजन के सम्पर्क से रोकता है व बैक्टीरियोड के आस–पास ऑक्सीजन की मात्रा कम हो जाती है। ऑक्सीजन की कम मात्रा नाइट्रोजिनेज क्रियाविधि को कम नहीं कर पाती है व नाइट्रोजन स्थिरीकरण सुचारू रूप से चलता रहता है।

हाइड्रोजिनेज – एन्जाइम हाइड्रोजन व ऑक्सीजन को संयुक्त कर जल का निर्माण करता है। यह बैक्टीरियोड के नजदीक से ऑक्सीजन की मात्रा कम करता है व नाइट्रोजिनेज की क्रियाविधि सुचारू रूप से चलती है।

नेनो जैवप्रौद्योगिकी – क्वान्टम यांत्रिकी, जीनोमिक्स व सूचना तकनीकी के विशेषित ज्ञान के आपसी सामंजस्य से विकसित नेनोस्केल (10^{-9}) आधारित तकनीक जो आण्विक अभिकल्पन, परीक्षण, उपचार व रोग निदान में विशेष सहयोगी है।

बैक्टीरिऑइड – मूलग्रंथि की प्रत्येक कॉरटिकल कोशिका में करीब 4–6 बहुआकारिकी *राइजोबियम* कोशिकाएँ होती हैं इन्हें बैक्टीरिऑइड कहते हैं। बैक्टीरिऑइड वायुमंडलीय नाइट्रोजन को अमोनिया में परिवर्तित करते हैं।

पेरिबैक्टीरिऑइड झिल्ली – कॉरटिक्ल कोशिका की झिल्ली जिसे पेरिबैक्टीरिऑइड झिल्ली कहते हैं बैक्टीरिऑइड घिरे रहते हैं।

क्वाण्टम यांत्रिकी – अस्पष्ट कणों व न्युक्लियर बलों के अध्ययन से सम्बन्धित है। यह नेनोस्केल प्रक्रियाओं जैसे, प्रकाश का उत्सर्जन, इलेक्ट्रॉन स्थानान्तरण व डीएनए में क्वान्टम सुरंग आदि के अध्ययन को आधार प्रदान करता है। जीवों में कण आपस में कैसे जुड़े रहते हैं, डीएनए जीव विकास व परिवर्धन को कैसे नियंत्रित करता है, रोग विकास का मौलिक आधार क्या है इन सभी प्रश्नों का हल क्वाण्टम यांत्रिक के सहयोग से संभव है।

जीनोमिक्स – डीएनए संरचना व जीनोम क्रम के अध्ययन से सम्बन्धित है।

सूचना तकनीकी – माइक्रोप्रोसेसर के लघुकरण, डाटा संग्रहण तंत्र, कम्प्यूटर की गति व सामर्थ्य में वृद्धि व विकास ने सूचना तकनीकी को विशेष सहयोग दिया

है। सूचना तकनीकी के विकास से जैविकी में अनुसंधान से संबंधित सूचनाओं के संग्रहण, विश्लेषण व व्याख्या में विशेष भूमिका है।

सेटेलाइट डीएनए – जब यूकेरियोट के डीएनए को विखंडित कर सीजियम क्लोराइड घनत्व प्रवणता में अपकेंद्रित किया जाता है तो एक मुख्य धारी डीएनए के अलावा कई छोटी डीएनए की धारियाँ अलग हो जाती है। ये छोटी धारियाँ पुनरावृत्त डीएनए क्रमों की होती है, इन्हें सेटेलाइट डीएनए कहते हैं।

डीएनए फिंगरप्रिटिंग – एक मनुष्य के एक स्थल के नोनकोडिंग डीएनए पुनरावृत दूसरे मनुष्य से अलग होते हैं। इन डीएनए पुनारावृत्त को मानव की पहचान के लिए उपयोग में लिया जाता हैं इसे डीएनए फिंगरप्रिटिंग कहते हैं ।

एलील – एक जीन के दो या दो से अधिक रूपों को एलील कहते हैं, जो सम या विषमयुग्मनजी हो सकते हैं।

डीएनए बहुरूपता – डीएनए पुनारावृत्त में भिन्नता को डीएनए बहुरूपता कहते हैं।

डीएनए प्ररूप – इस विधि में डीएनए नमूने को प्रतिबंधित एन्जाईम से काटकर, इलेक्ट्रोफोरेसिस से अलग कर प्रोब क्षारक्रम से संकरण कराकर पहचान की जाती है।

डीएनए पार्श्वचित्र – इस विधि में डीएनए नमूने को प्राइमर का उपयोग कर पीसीआर में प्रवर्धित किया जाता है। तत्पश्चात् अभिरंजित कर पहचाना जाता है। प्रतिबंधित एन्जाइम व पीसीआर से प्रवर्धित डीएनए टुकड़े लम्बाई (क्षार संख्या) में अलग–अलग होते हैं, यही बहूरूपिता डीएनए फिंगर प्रिटिंग का आधार होता है।

वाइरस मुक्त पौधे – वाइरस का संक्रमण पौधों के आंतरिक भागों में फैल जाता है। इसे पृष्ठीय विसंदूषण से नहीं हटाया जा सकता है। वाइरस संक्रमित पौधों का शीर्षस्थ प्ररोह विभज्योतक, वाइरस के संक्रमण से मुक्त होता है। कायिक प्रवर्धन (तना, कंद) से उत्पदित होने वाले बागवानी, कृषि व वनीय पादपों को वाइरस से मुक्त करन के लिए शीर्षस्थ प्ररोह संवर्धन एक उपयोगी प्रवर्धन विधि है।

हेपा फिल्टर – लेमिनार वायु प्रवाह मंच के कार्यस्थल पर संदूषण मुक्त वायु 0.2µm रन्ध्र आकार के हेपा फिल्टर से प्रवाहित होती है जो जीवाणुओं व कवक जीवाणुओं को वायु से हटाने में सक्षम होते हैं।

लेमिनार वायु प्रवाह मंच – इसके संदूषण मुक्त मंच पर पृथक्कृत पादप भागों (जड़, तना, पत्ती व बीज) को रोगाणुनाशी रसायनों से उपचारित कर संवर्धन माध्यम में स्थानान्तरित किया जाता है। इसमें एक अल्ट्रावॉयलेट प्रकाश ट्यूब लगी होती है, जो रोगणुओं को विसंदूषित करती है। इस कक्ष में वायु एक स्थिर प्रवाह (27 ± 3 m min^{-1}) से कार्यस्थल पर प्रवाहित होती है। वायु पहले धूल कणों को रोकने वाले फिल्टर से प्रवाहित होती है, तत्पश्चात् 0.2μm रन्ध्र आकार के हेपा फिल्टर से प्रवाहित होती है जो जीवाणुओं व कवक जीवाणुओं को वायु से हटाने में सक्षम होते हैं।

ऑटोक्लेव – जलवाष्प के 121 °C ताप व 1.06 kg cm^{-2} दाब पर 15 मिनट के लिए परखनलियों व फ्लास्क में स्थानान्तरित संवर्धन माध्यम को विसंदूषित किया जाता है।

कृत्रिम संवर्धन माध्यम – विच्छेदित पादप कोशिकाओं व अंगों (जड़, तना, पत्ती) की वृद्धि व विकास में आवश्यक कार्बनिक व अकार्बनिक पोषक तत्व संवर्धन माध्यम में मिलाये जाते हैं।

एक्सप्लांट का पृष्ठीय विसंदूषण – पृथक्कृत पादप भागों (एक्सप्लांट) के पृष्ठ पर मौजूद रोगाणुओं को रोगाणुनाशकों द्वारा हटाया जाता है।

संवर्धन कक्ष – संवर्धन को 25–28±2 °C ताप, 30-35 μ mol m^{-2} s^{-1} प्रकाश की तीव्रता, 10–14 घंटा प्रति दिन प्रकाश काल व 60% सापेक्ष आर्द्रता की नियंत्रित अवस्था में रखा जाता है।

दृढ़िकरण इकाई – वृद्धि कक्षों की नियंत्रित अवस्थाओं (ताप, प्रकाश व आर्द्रता) में पुर्नजनित नव पादप उच्च ताप व प्रकाश के प्रति अति संवेदनशील होते हैं एवं पुर्नजनित नव पादप सूर्य के प्रत्यक्ष प्रकाश व उच्च ताप को सहन नहीं कर पाते हैं। पादपों में प्रत्यक्ष सूर्य प्रकाश व उच्च ताप सहन करने लिए इनके कार्यिकी व आकारिकी तंत्र में क्रमिक अनुकूलन आवश्यक है। कांच पात्रों में पुर्नजनित नव पादपों को कांच की बोतलों में भरे कृत्रिम मृदा में संरोपित कर कांच गृहों में उच्च आर्द्रता व निम्न ताप से कम आर्द्रता व उच्च तापमान में क्रमिक रूप से स्थानान्तरित किया जाता है। यह प्रक्रिया दृढ़िकरण कहलाती है, जिसमें नव पादप कार्यिकी व आकारिकी रूप से उच्च ताप व प्रकाश को सहन करने में सक्षम हो जाते हैं।

संदर्भ सूची

List of References (Literature cited)

Backs-Husemann D and J Reinert (1970), Embryo formation by isolated single cells from tissue cultures of *Daucus carota*, *Protoplasma*, Vol.70, pp. 49–60.

Bhojwani S S and M K Razdan (2004), Plant Tissue Culture: Theory and Practice, *a revised edition*, Elsevier, New Delhi, p.3.

Braun A C (1947), Thermal Studies on the factors responsible for tumour initiation in crown gall, *Am. J. Bot.,* Vol.34 pp.234–240.

Caplin S M and F C Steward (1948), Effect of coconut milk on the growth of explants from carrot root, *Science*, Vol.108, pp.655–657.

Carlson P S, H H Smith and R D Dearing (1972), Parasexual interspecific plant hybridization, *P. Soc. Natl. Acad. Sci.,* USA, Vol.69, pp.2292–2294.

Cocking E C (1960), A method for the isolation of plant protoplast and vacuoles, *Nature*, Vol.187 pp. 962–963.

Constabel F and J P Shyluk (1994), *Initiation Nutrition and Maintenance of Plant Cell and Tissue Cultures* (Eds. I K Vasil and T A Thorpe), Kluwer Academic Publishers, Dordrecht, The Netherlands, pp.6–7.

Curtin M E (1983), Harvesting profitable product from plant tissue culture, *Biotechnology*, Vol.83 pp.649–657.

Dagla H R (2012), Plant Tissue Culture Historical Developments and Applied Aspects, *Resonance*, Vol.17 pp. 759–767.

Evans D E, JOD Coleman and A Kearns (2003), *Plant Cell Culture*, Bios Scientific Publishers, Taylor & Francis Group, London, p.1.

Gautheret R J (1983), Plant tissue culture: A history, *Bot. Mag.* Tokyo, Vol. 96, pp.393–410.

Guha S and S C Maheshwari (1964), *In vitro* production of embryos from anthers of *Datura*, *Nature*, Vol.204, p.497.

Harrison J H, *Foreword*, (Eds. J H Dodds and L W Roberts (1982), *Experiment in Plant Tissue Culture*, Cambridge University Press, p.vii.

Melchers G, M D Sacristan, and A A Holder (1978), Somatic hybrid plants of potato and tomato regenerated from fused protoplasts, *Carlsberg Res Commun,* Vol.43 pp.203–218.

Miller C O, F Skoog, M Saltza and F M Strong (1955), Kinetin, a cell division factor from deoxyribonucleic acid, *J. Am. Chem. Soc.,* Vol.77, p.1329.

Morel G and C Martin (1952), Guerison de dahlias atteints d'une maladie a virus, *C R Acad. Sci.,* Paris, Vol. 235 pp.1324 1325.

Muir W H (1952), Culture conditions favouring the isolation and growth of single cells from higher plants *in vitro*, PhD Thesis, University of Wisconsin, Madison.

Skoog F and C O Miller (1957), Chemical regulation of growth and organ formation in plant tissues cultured *in vitro*, *Symp. Soc. Exp. Bio.,l* Vol.11, pp.118–130.

Smith E F and C O Townsend (1907), A plant tumour of bacteriological origin, *Science*, Vol.25, pp.671–673.

Steward F C and S M Caplin (1951), A tissue culture from potato tubers, The synergistic action of 2,4-D and coconut milk, *Science*, Vol.113, pp.518–520.

Steward F C and SM Caplin (1952), Investigation on growth and metabolism of plant cells, IV, Evidence on the role of the coconut milk factor in development, *Ann. Bot.* Vol.16, pp.491–504.

Takebe I, G Labib and G Melchers (1971), Regeneration of whole plants from isolated mesophyll protoplasts of tobacco, *Naturwissenschaften*, Vol.58 pp.318–320.

Yamada T, T Shoji and Y Sinoto (1963), Formation of calli and free cells in the tissue culture of *Tradescantia reflexa*, *Bot. Mag. Tokyo*, Vol.76 pp.332–339.

Zaenen I, H van Larebeke, H Teuchy, M van Montagu and J Schell (1974), Supercoiled circular DNA in crown gall inducing *Agrobacterium* strains, *J. Mol. Biol.,* Vol.86, pp.109–127.

प्रश्नावली

अध्याय-1

1. **आधुनिक जैवप्रौद्योगिकी में पुनर्योजन डीएनए तकनीक का उपयोग कर *ई. कोलाई* जीवाणु से मानव इंसूलिन का निर्माण किया?**
   (अ) 1980 में (ब) 1880 में (स) 1856 में (द) 1992 में

2. **एफडीए ने प्रथम आनुवंशिक रूपान्तरित ''फ्लेवर सेवर'' टमाटर का अनुमोदन किया-**
   (अ) 1980 में (ब) 1880 में (स) 1856 में (द) 1992 में

3. **समुद्री या जलीय जीवों से सम्बंधित जैवप्रौद्योगिकी है-**
   (अ) लाल जैवप्रौद्योगिकी (ब) हरी जैवप्रौद्योगिकी
   (स) सफेद जैवप्रौद्योगिकी (द) नीली जैवप्रौद्योगिकी

4. **कृषि की प्रक्रिया से सम्बंधित जैवप्रौद्योगिकी है-**
   (अ) लाल जैवप्रौद्योगिकी (ब) हरी जैवप्रौद्योगिकी
   (स) सफेद जैवप्रौद्योगिकी (द) नीली जैवप्रौद्योगिकी

5. **मेडिकल की प्रक्रिया से सम्बंधित जैवप्रौद्योगिकी है-**
   (अ) लाल जैवप्रौद्योगिकी (ब) हरी जैवप्रौद्योगिकी
   (स) सफेद जैवप्रौद्योगिकी (द) नीली जैवप्रौद्योगिकी

6. **उद्योग से सम्बंधित जैवप्रौद्योगिकी है-**
   (अ) लाल जैवप्रौद्योगिकी (ब) हरी जैवप्रौद्योगिकी
   (स) सफेद जैवप्रौद्योगिकी (द) नीली जैवप्रौद्योगिकी

7. **पौधों में संकरण के प्रयोगों द्वारा आनुवंशिकी का अध्ययन किया-**
   (अ) 1956 में (ब) 1856 में (स) 1865 में (द)1965 में

8. **संयुक्त राष्ट्र संघ की जैव विविधता सभा द्वारा प्रस्तुत जैवप्रौद्योगिकी की परिभाषा लिखें।**

9. **मात्रात्मक विशेषक स्थल की संक्षिप्त व्याख्या करें।**

10. **जैवप्रौद्योगिकी विकास क्रम का विस्तार से विवरण लिखें।**

11. **पादप जैवप्रौद्योगिकी में संभावनाएँ एवं भविष्य की चुनौतियाँ की विस्तार से व्याख्या करें।**

अध्याय-2

1. **पौधों की कायिक कोशिकाओं में पूर्णशक्तता को प्रमाणित करने के लिए कोशिका संवर्धन सर्वप्रथम प्रारम्भ किया–**

   (अ) नोप ने (ब) कोटे ने (स) रोबिन्स ने (द) हेबरलैंड ने

2. **ऊतक संवर्धन का जनक कहा जाता है –**

   (अ) हेबरलैंड को (ब) नोप को (स) कोटे को (द) रोबिन्स को

3. **टमाटर की मूलों का सर्वप्रथम असीमित संवर्धन किया–**

   (अ) रोबिन्स ने (ब) व्हाइट ने

   (स) लू ने (द) बॉल ने

4. **वाइरस संक्रमित डाहेलिया के प्ररोह अग्रस्थ से वाइरस मुक्त पादप सर्वप्रथम प्राप्त किये–**

   (अ) गोथरे व नोबेकोर्ट ने (ब) मोरेल व मार्टिन ने

   (स) स्कूग एवं मिलर ने (द) वासिल एवं हिलब्रांट ने

5. **शीर्ष विभज्योत्क से सम्पूर्ण पादप प्राप्त कर कायिक गुणन या सूक्ष्मप्रर्वधन की आधारशिला रखी–**

   (अ) रोबिन्स ने (ब) व्हाइट ने

   (स) लू ने (द) बॉल ने

6. **खमीर के घोल को पादप अंगों के संवर्धन में उपयोग कर वृद्धि कारक के रूप में उसकी महत्ता पहचानी–**

   (अ) रोबिन्स ने (ब) व्हाइट ने

   (स) लू ने (द) बॉल ने

7. **पौधों में अंगों (मूल व स्तम्भ) का निर्माण ऑक्सिन व साइटोकाइनिन के परस्पर अनुपात पर निर्भर करता है, किसने सिद्ध किया–**
   (अ) गोथरे व नोबेकोर्ट ने (ब) मोरेल व मार्टिन ने
   (स) स्कूग एवं मिलर ने (द) वासिल एवं हिलब्रांट ने

8. **गाजर की कायिक कोशिकाओं से सर्वप्रथम भ्रूण निर्माण किया–**
   (अ) रोबिन्स ने (ब) व्हाइट ने (स) लू ने (द) रेनर्ट ने

9. **कायिक कोशिका की पूर्णशक्तता को चित्रों द्वारा सर्वप्रथम प्रमाणित किया–**
   (अ) गोथरे व नोबेकोर्ट ने (ब) मोरेल व मार्टिन ने
   (स) बेक्सह्यूसमान एवं रेनर्ट ने (द) वासिल एवं हिलब्रांट ने

10. **सक्रिय वृद्धि कर रहे कैलस पर रखे फिल्टर पेपर पर रख कर एकल कोशिका का विभाजन प्रेरित कराने वाले थे–**
    (अ) मुर (ब) जोन्स (स) लू (द) रेनर्ट

11. **एकल कोशिका का संवर्धन करने के लिए सूक्ष्म कक्ष बनाए–**
    (अ) मुर ने (ब) जोन्स ने (स) लू ने (द) रेनर्ट ने

12. **अनुकूलित माध्यम के स्थान पर साधारण संवर्धन माध्यम में नारियल दूध मिलाकर तम्बाकू की एकल कोशिका से सम्पूर्ण पादप का संवर्धन सर्वप्रथम किया–**
    (अ) गोथरे व नोबेकोर्ट ने (ब) मोरेल व मार्टिन ने
    (स) बेक्सह्यूसमान एवं रेनर्ट ने (द) वासिल एवं हिलब्रांट ने

13. **तम्बाकू के अपरिपक्व पराग कणों से सम्पूर्ण अगुणित पादप प्राप्त किये–**
    (अ) गोथरे व नोबेकोर्ट ने (ब) गुहा व माहेश्वरी ने
    (स) बेक्सह्यूसमान एवं रेनर्ट ने (द) वासिल एवं हिलब्रांट ने

14. ***एग्रोबैक्टीरियम* के टीआई प्लाज्मिड में पादपों में ट्यूमर (अनियंत्रित कोशिका विभाजन) उत्पन्न करने की क्षमता होती हैं, का सुझाव दिया–**
    (अ) ब्राउन ने (ब) जोन्स ने (स) लू ने (द) रेनर्ट ने

15. **पादप ऊतक संवर्धन को परिभाषित करें।**

16. **पूर्णशक्तता क्या है?**

17. अनुकूलित संवर्धन माध्यम क्या है?
18. टीआई प्लाज्मिड क्या है?
19. टी-डीएनए क्या है?
20. हेबरलैंड की असफलता के प्रमुख कारण क्या हैं?
21. हेबरलैंड द्वारा 1902 में प्रस्तुत प्रमुख धारणाएं क्या हैं?
22. एकल कायिक कोशिका संवर्धन की विभिन्न विधियों की विस्तार से व्याख्या करें।
23. पादप ऊतक संवर्धन विकास के प्रारम्भ में अनुसंधान के विषय क्या रहे हैं, संक्षिप्त में व्याख्या करें।
24. विंकलर (1901) के प्रेक्षणों व सुझावों की विस्तार से व्याख्या करें।

अध्याय-3

1. वाइरस संक्रमित पौधों को वाइरस से मुक्त करने के लिए उपयोग किया जाता है-

   (अ) शीर्षस्थ प्ररोह का (ब) परागकोष का
   (स) जीवद्रव्यक का (द) कायिक संकर का

2. जननद्रव्यों को दीर्घकाल तक किस ताप पर रक्षित किया जाता है-

   (अ) -196 °C पर (ब) -200 °C पर
   (स) -80 °C पर (द) 4 °C पर

3. सूक्ष्मप्रवर्धन को परिभाषित करें।
4. परखनली निषेचन क्या है?
5. परखनली परागण क्या है?
6. तरल संवर्धन क्या है?
7. भ्रूण बचाव कि व्याख्या करें।
8. कायिक क्लोनीय विभिन्नताएँ क्या है?
9. वाइरस मुक्त पौधे कैसे प्राप्त किये जाते हैं।
10. कायिक संकर क्या है?

11. जनन द्रव्य संरक्षण की व्याख्या करें।

12. पादप ऊतक संवर्धन तकनीक की प्रमुख उपयोगिताओं की विस्तार से व्याख्या करें।

अध्याय-4

1. परखनलियों व फ्लास्क में स्थानान्तरित संवर्धन माध्यम को जलवाष्प से विसंदूषित किया जाता है–
   (अ) ऑवेन में (ब) ऑटोक्लेव में (स) लेमिनार में (द) संवर्धन कक्ष में

2. पृथक्कृत पादप भागों को रोगाणुनाशी रसायनों से उपचारित कर संवर्धन माध्यम में स्थानान्तरित किया जाता है–
   (अ) ऑवेन में (ब) ऑटोक्लेव में (स) लेमिनार में (द) संवर्धन कक्ष में

3. हेपा फिल्टर के रन्ध्र का आकार होता है–
   (अ) 0-2mm (ब) 0-2μm (स) 0-0.2μm (द) 0-4μm

4. संवर्धन माध्यम का पीएच निर्धारित किया जाता है–
   (अ) 8.5 (ब) 8.8 (स) 6.8 (द) 5.8

5. संवर्धन माध्यम को अर्धठोस बनाने के लिए इसमें अगर मिलाया जाता है
   (अ) 8% (ब) 8.8% (स) 0.8% (द) 6.8%

6. परखनलियों व फ्लास्क में स्थानान्तरित संवर्धन माध्यम को विसंदूषित कैसे किया जाता है?

7. एक्सप्लांट का पृष्ठीय विसंदूषण कैसे किया जाता है?

8. एक्सप्लांट का संदूषण विहीन अवस्था में संवर्धन माध्यम में स्थानान्तरण कैसे किया जाता है?

9. संवर्धन कक्ष में ताप, प्रकाश की तीव्रता, प्रकाश काल व सापेक्ष आर्द्रता क्या होती है?

10. कांच पात्रों में पुनर्जनित नव पादपों का दृढ़िकरण कैसे किया जाता है?

अध्याय-5

1. **कैलस संवर्धन से प्ररोह व मूल का जनन सर्वप्रथम किसने प्रदर्शित किया–**
   (अ) मिलर व स्कूग ने (ब) मोरेल व मार्टिन ने
   (स) बेक्सह्यूसमान एवं रेनर्ट ने (द) गोथरे व नोबेकोर्ट ने

2. **ऊतक संवर्धन के दौरान उत्पन्न विभिन्नताओं को एक सामान्य पारिभाषिक शब्द कायक्लोनीय विभिन्नताएँ नाम दिया–**
   (अ) मोरेल व मार्टिन ने (ब) ह्लींज व मी ने
   (स) ईवान्स ने (द) लार्किन ने

3. **ऊतक संवर्धन से पुनर्जनित गन्ने के पौधों में आकारिकी परिवर्तनों का अवलोकन किया–**
   (अ) मोरेल व मार्टिन ने (ब) ईवान्स ने
   (स) ह्लींज व मी ने (द) लार्किन ने

4. **अंग जनन की संक्षिप्त व्याख्या करें।**
5. **कायिक भ्रूणजनन की संक्षिप्त व्याख्या करें।**
6. **क्लोन क्या है?**
7. **कृत्रिम बीज क्या है?**
8. **कैलिक्लोन क्या है?**
9. **युग्मकीयक्लोन क्या है?**
10. **प्रोटोक्लोन क्या है?**
11. **कायिक भ्रूणजनन के प्रेरण एवं परिवर्धन की विस्तार से व्याख्या करें।**
12. **कायिक भ्रूण जनन को प्रभावित करने वाले कारकों की विस्तार से व्याख्या करें।**
13. **कृत्रिम बीज बनाने की विधि की विस्तार से व्याख्या करें।**
14. **कृत्रिम बीजों का महत्व क्या है?**
15. **कायक्लोनीय विभिन्नताओं के कारकों की विस्तार से व्याख्या करें।**
16. **कायक्लोनीय विभिन्नताओं द्वारा उत्पन्न उन्नत किस्मों का विवरण लिखें।**

अध्याय-6

1. **सूक्ष्मप्रवर्धन की शून्य '0' अवस्था किसने प्रतिपादित की-**
   (अ) मोरेल व मार्टिन ने (ब) ह्वींज व मी ने
   (स) ईवान्स ने (द) डेबर्ग एवं मीन ने
2. **प्ररोहों में मूल प्रेरण के लिए उपयोग किया जाता है-**
   (अ) साइटोकाइनिन (ब) ऑक्सिन
   (स) मरक्यूरिक क्लोराइड (द) एबसिसिक अम्ल
3. **अक्षीय प्ररोहों का उत्पादन कैसे किया जाता है?**
4. **कांच पात्रों में उत्पन्न प्ररोहों में मूलों का प्रेरण कैसे किया जाता है?**
5. **काँच पात्र के बाहर मूल प्रेरण कैसे किया जाता है?**
6. **सूक्ष्मप्रवर्धन की विभिन्न अवस्थाओं की विस्तार से व्याख्या करें?**
7. **सूक्ष्मप्रर्वधन से पादप पुर्नजनन के दौरान अवांछिक प्रभाव क्या है?**

अध्याय-7

1. **जीवद्रव्यक पृथक्करण की शुरूआत की थी-**
   (अ) कोकिंग ने (ब) टेकेबे ने
   (स) क्लेरकर ने (द) नगाटा ने
2. **एन्जाइम से जीवद्रव्यक पृथक्करण की संभावना व्यक्त की-**
   (अ) कोकिंग ने (ब) टेकेबे ने
   (स) क्लेरकर ने (द) नगाटा ने
3. **पृथक्कृत जीवद्रव्यक की पूर्णशक्तता को सर्वप्रथम प्रदर्शित किया-**
   (अ) कोकिंग ने (ब) नगाटा व टेकेबे ने
   (स) क्लेरकर व कोकिंग ने (द) नगाटा व क्लेरकर ने
4. **जीवद्रव्यकों के स्वत: संलयन को सर्वप्रथम प्रदर्शित किया-**
   (अ) कोकिंग ने (ब) टेकेबे ने (स) कस्टर ने (द) नगाटा ने
5. **सोडियम नाइट्रेट द्वारा जीवद्रव्यक संलयन सर्वप्रथम प्रदर्शित किया-**
   (अ) कोकिंग ने (ब) टेकेबे ने (स) क्लेरकर ने (द) पॉवर ने

6. **सोडियम नाइट्रेट का उपयोग कर तम्बाकू की दो प्रजातियों में प्रथम कायिक संकरण प्राप्त किया–**
(अ) कार्लसन ने (ब) टेकेबे ने (स) क्लेरकर ने (द) पॉवर ने

7. **उच्च पीएच व कैल्सियम आयन से जीवद्रव्यक संलयन सर्वप्रथम प्रदर्शित किया–**
(अ) कोकिंग ने (ब) नगाटा व टेकेबे ने
(स) काओ एवं मिचयालुक ने (द) केलर व मेल्चर्स ने

8. **पॉलीइथाइलीन ग्लाइकॉल से जीवद्रव्यक संलयन सर्वप्रथम प्रदर्शित किया–**
(अ) कोकिंग ने (ब) नगाटा व टेकेबे ने
(स) काओ एवं मिचयालुक ने (द) केलर व मेल्चर्स ने

9. **आलू व टमाटर के जीवद्रव्यक संलयन से प्रथम अंतरवंशीय संकर उत्पन्न किया–**
(अ) काओ ने (ब) मिचयालुक ने (स) केलर ने (द) मेल्चर्स ने

10. **जीवद्रव्यकों का वैद्युतिक संलयन सर्वप्रथम प्रदर्शित किया–**
(अ) जिमरमान ने (ब) सेंडा ने (स) केलर ने (द) मेल्चर्स ने

11. **वैद्युतिकसंलयन तंत्र का विकास किया–**
(अ) जिमरमान ने (ब) सेंडा ने (स) केलर ने (द) मेल्चर्स ने

12. **दो प्लाज्माझिल्लियों के संलयन के लिए जीवद्रव्यक एक दूसरे के कितने नजदीक होने चाहिए–**
(अ) 1 एंगस्ट्रम (ब) 100 एंगस्ट्रम (स) 10 एंगस्ट्रम (द) 0.1 एंगस्ट्रम

13. ***निकोशिआना टेबेकम* में सर्वप्रथम पृथक्कत प्रोटोप्लास्ट से सम्पूर्ण पादप प्राप्त किया था–**
(अ) कोकिंग ने (ब) टेकेबे ने (स) कस्टर ने (द) नगाटा ने

14. **कोशिका भित्ति पुर्नजनन शुरूआत की जांच की जा सकती है–**
(अ) पॉलीइथाइलीन ग्लाइकॉल से (ब) मेनिटॉल से
(स) केल्कोलोर व्हाइट से (द) सोरबिटॉल से

15. **जीवद्रव्यक पृथक्करण की विधियाँ क्या हैं?**

16. **जीवद्रव्यक जीवक्षमता परीक्षण क्या हैं?**

17. जीवद्रव्यक संलयन विधियाँ क्या हैं?
18. जीवद्रव्यक संलयन क्रियाविधि की संक्षिप्त व्याख्या करें।
19. साइब्रिड क्या हैं?
20. जीवद्रव्यक पृथक्करण की विस्तार से व्याख्या करें।
21. जीवद्रव्यक संवर्धन व पादप पुर्नजनन की विस्तार से व्याख्या करें।
22. प्रोटोप्लास्ट की उपयोगिताएँ क्या हैं?

अध्याय-8

1. द्वितीयक उपापचयी निर्माण में ऊतक संवर्धन को एक विकल्प के रूप में लिया जा सकता है यह विचार व्यक्त किया गया–
   (अ) 1850–1860 में (ब) 1920–1930 में
   (स)1980–1990 में (द) 1950–1960 में
2. सर्वप्रथम 1983 में *लिथोस्पर्मम* पौधे की कोशिका संवर्धन से प्राकृतिक रंजन शिकोनिन का व्यापारिक स्तर पर उत्पादन किया–
   (अ)एफ डी ए ने (ब) फाइजर कम्पनी ने
   (स) मित्सुई कम्पनी ने (द) जैवप्रौद्योगिकी कम्पनी ने
3. पौधों की कोशिकाओं को तरल माध्यम में संवर्धन कर प्राकृतिक पादप उत्पादों के निर्माण के सर्वप्रथम प्रयास किये–
   (अ)एफ डी ए ने (ब) फाइजर कम्पनी ने
   (स) मित्सुई कम्पनी ने (द) जैवप्रौद्योगिकी कम्पनी ने
4. *लिथोस्पर्मम* पौधे की कोशिका संवर्धन से प्राकृतिक रंजन शिकोनिन का व्यापारिक स्तर पर सर्वप्रथम उत्पादन किया–
   (अ) 1953 में (ब) 1963 में (स) 1983 में (द) 1993 में
5. कोशिका निलंबन संवर्धन क्या है?
6. जैवरिएक्टर क्या है?
7. गतिहीन कोशिका संवर्धन क्या है?
8. द्वितीयक उपापचयी निर्माण विधियों की विस्तार से व्याख्या करें।
9. गतिहीन कोशिका संवर्धन विधियों की विस्तार से व्याख्या करें।

अध्याय-9

1. **गुहा व महेश्वरी ने धत्तूरा के परागकोषों से भ्रूणों का संवर्धन किया–**

   (अ) मुराशिगे व स्कूग माध्यम पर (ब) निश माध्यम पर
   (स) व्हाइट माध्यम पर (द) मुराशिगे व निश माध्यम पर

2. **परागकोष संवर्धन विधियों की विस्तार से व्याख्या करें।**
3. **अगुणित संवर्धन को प्रभावित करने वाले कारकों की विस्तार से व्याख्या करें।**
4. **अगुणित संवर्धन की उपयोगिताएँ क्या हैं?**

अध्याय-10

1. **ऊतक संवर्धन तकनीक द्वारा जननद्रव्य संरक्षण में मंद वृद्धि विधि में जर्मप्लाज्म को भंडारित किया जाता है–**

   (अ) −196 °C पर (ब) 48 °C पर
   (स) 4.8 °C पर (द) 50 °C पर

2. **जननद्रव्य संरक्षण विधियाँ क्या हैं?**
3. **जननद्रव्य संरक्षण के उपाय क्या हैं?**
4. **शीतन परिरक्षण क्या है?**

अध्याय-11

1. ***एग्रोबेक्टिरियम ट्यूमेफेसियंस* एक–**

   (अ) कवक है (ब) विषाणु है (स) जीवाणु है (द) पादप है

2. ***एग्रोबेक्टिरियम ट्यूमेफेसियंस* पाया जाता है–**

   (अ) कवक में (ब) मृदा में (स) वायु में (द)जल में

3. **टीआई प्लाज्मिड में ऑक्सिन व साइटोकाइनिन निर्माण के एन्जाइम उत्पन्न करने वाले जीन हैं–**

   (अ) जीवाणु गुणसूत्र जीन (ब) ओपाइन जीन
   (स) विर जीन (द) ऑंकोजीन

4. **टी–डीएनए स्थानान्तरण क्षमता बढ़ाने के लिए आवश्यक जीन हैं–**
(अ) विर डी व जी (ब) विर ए व जी
(स) विर सी व ई (द) विर ए व बी

5. **जीवाणुओं व पादप कोशिकाओं में संलग्नता व समूह बनाने में आवश्यक जीन हैं–**
(अ) जीवाणु गुणसूत्र जीन (ब) ओपाइन जीन
(स) विर जीन (द) आँकोजीन

6. ***एग्रोबेक्टिरियम ट्यूमेफेसियंस* में अमीनों अम्ल व शर्करा युक्त यौगिकों का निर्माण करते हैं–**
(अ) जीवाणु गुणसूत्र जीन (ब) ओपाइन जीन
(स) विर जीन (द) आँकोजीन

7. **टी–डीएनए के दोनों सिरों पर एकल रज्जुक परोक्ष पुनरावृत्त क्षार स्थित होते हैं–**
(अ) 20 (ब) 10 (स) 25 (द) 15

8. **कीटनाशी क्रिस्टल प्रोटीन का निर्माण करने वाला *बेसिलस थूरिंजिएंसिस* एक–**
(अ) कवक है (ब) विषाणु है (स) जीवाणु है (द) पादप है

9. **फलों का परिपक्वन नियंत्रित होता है–**
(अ) साइटोकाइनिन द्वारा (ब) पॉलीगेलेक्टूरोनेज एन्जाइम द्वारा
(स) क्रिस्टल प्रोटीन द्वारा (द)शर्करा द्वारा

10. **पादप कोशिकाओं में बाहरी जीन समाकलन की अप्रत्यक्ष विधियों की विस्तार से व्याख्या करें।**

11. **पादप कोशिकाओं में बाहरी जीन समाकलन की प्रत्यक्ष विधियों की विस्तार से व्याख्या करें।**

12. **टी–डीएनए में मौजूद जीन की विस्तार से व्याख्या करें।**

13. **टी–डीएनए स्थानान्तरण क्रियाविधि की विस्तार से व्याख्या करें।**

14. **आनुवंशिक अभियांत्रिकी की उपयोगिताओं की विस्तार से व्याख्या करें।**

अध्याय-12

1 **स्वतंत्र रूप से नाइट्रोजन स्थिरीकरण करने वाले सूक्ष्म जीव हैं–**
(अ) *अलनस* (ब) *फ्रेंकिया*
(स) *राइजोबियम* (द) *ऐजेटोबेक्टर*

2 **नॉन लेग्यूमिनेसी पौधों में नाइट्रोजन स्थिरीकरण करने वाले सूक्ष्म जीव हैं–**
(अ) *अलनस* (ब) *फ्रेंकिया* (स) *राइजोबियम* (द) *ऐजेटोबेक्टर*

3. **बैक्टीरिऑइड वायुमंडलीय नाइट्रोजन को परिवर्तित करते हैं–**
(अ) ग्लूटामिन में (ब) ग्लूटामेट में (स) अमोनिया में (द) एसपारटेट में

4. **समस्त निफ जीन की अभिव्यक्ति को नियंत्रित करने के लिए निहित जीन हैं–**
(अ) निफ डी व निफ के (ब) निफ ए व निफ एल
(स) निफ डी (द) निफ के

5. **संक्रमण धागे क्या हैं?**

6. **केपसूल पॉलीसेकेराइड की भूमिका क्या है?**

7. **सहजीवी नाइट्रोजन स्थिरीकरण की विस्तृत व्याख्या करें।**

8. **नाइट्रोजन स्थिरीकरण की आनुवंशिकी की विस्तार से व्याख्या करें।**

9. **नाइट्रोजन स्थिरीकरण की आनुवंशिक अभियांत्रिकी की विस्तृत व्याख्या करें।**

अध्याय-13

1. **अस्पष्ट कणों व न्युक्लियर बलों के अध्ययन से सम्बन्धित ज्ञान है–**
(अ) जीनोमिक्स (ब) सूचना तकनीकी
(स) आण्विक जैविकी (द) क्वाण्टम यांत्रिकी

2. **नेनो जैवप्रौद्योगिकी क्या है?**

3. **क्वाण्टम यांत्रिकी की संक्षिप्त व्याख्या करें।**

4. **जीनोमिक्स की सफलताएँ क्या हैं?**

5. सूचना तकनीकी की जैविकी अनुसंधान में भूमिका क्या है?
6. क्वाण्टम जीनोमिक्स तकनीकी की संक्षिप्त व्याख्या करें।

अध्याय-14

1. क्लासिकल सेटेलाइट डीएनए में क्षार युग्म पुनरावृत्त होते हैं–
   (अ)100 क्षार युग्म–20 केबी (ब) 100–500 केबी
   (स) 1 क्षार युग्म (द) 2 क्षार युग्म
2. लघुसेटेलाइट डीएनए में क्षार युग्म पुनरावृत्त होते हैं–
   (अ) 100 क्षार युग्म–20 केबी (ब)100–500 केबी
   (स) 1 क्षार युग्म (द) 2 क्षार युग्म
3. सूक्ष्म सेटेलाइट डीएनए में क्षार युग्म पुनरावृत्त होते हैं–
   (अ) 100 क्षार युग्म–20 केबी (ब) 100–500 केबी
   (स) 1 क्षार युग्म (द) 2 क्षार युग्म
4. डीएनए को मानव पहचान के लिए सर्वप्रथम उपयोग किया–
   (अ) काओ ने (ब) मिचयालुक ने
   (स) केलर ने (द) ऐलेक जेफरे ने
5. डीएनए को मानव पहचान के लिए सर्वप्रथम उपयोग किया–
   (अ) 1980 में (ब) 1880 में (स) 1856 में (द)1988 में
6. मनुष्य के न्यूक्लिओटाइड पुनरावृत्त जो डीएनए फिंगरप्रिटिंग में उपयोग में लिए जाते हैं–
   (अ) टी ए (ब) जी सी (स) सी ए (द) ए जी
7. सेटेलाइट डीएनए क्या हैं?
8. डीएनए प्ररूप क्या हैं?
9. डीएनए पार्श्वचित्र क्या हैं?
10. डीएनए बहूरूपिता क्या हैं?
11. वीएनटीआर क्या हैं?

उत्तरमाला

अध्याय–1

1. **(अ)** 1980 में
2. **(द)** 1992 में
3. **(द)** नीली जैवप्रौद्योगिकी
4. **(ब)** हरी जैवप्रौद्योगिकी
5. **(अ)** लाल जैवप्रौद्योगिकी
6. **(स)** सफेद जैवप्रौद्योगिकी
7. **(ब)** 1856 में

अध्याय–2

1. **(द)** हेबरलैंड ने
2. **(अ)** हेबरलैंड को
3. **(ब)** व्हाइट ने
4. **(ब)** मोरेल व मार्टिन ने
5. **(द)** बॉल ने
6. **(अ)** रोबिन्स ने
7. **(स)** स्कूग एवं मिलर ने
8. **(द)** रेनर्ट ने
9. **(स)** बेक्सह्यूसमान एवं रेनर्ट ने
10. **(अ)** मुर
11. **(ब)** जोन्स ने

अध्याय–3

1. **(अ)** शीर्षस्थ प्ररोह का
2. **(अ)** –196 °C पर

अध्याय–4

1. **(ब)** ऑटोक्लेव में
2. **(स)** लेमिनार में
3. **(स)** 0-0.2μm
4. **(द)** 5.8
5. **(स)** 0.8%

अध्याय–5

1. **(अ)** मिलर व स्कूग
2. **(द)** लार्किन ने
3. **(स)** ह्वींज व मी ने

अध्याय–6

1. **(द)** डेबर्ग एवं मीन ने
2. **(ब)** ऑक्सिन

अध्याय–7

1. **(स)** क्लेरकर ने
2. **(अ)** कोकिंग ने
3. **(ब)** नगाटा व टेकेबे ने
4. **(स)** कस्टर ने
5. **(द)** पॉवर ने
6. **(अ)** कार्लसन ने
7. **(द)** केलर व मेल्चर्स ने
8. **(स)** काओ एवं मिचयालुक ने
9. **(द)** मेल्चर्स ने
10. **(ब)** सेंडा ने
11. **(अ)** जिमरमान ने
12. **(स)** 10 एंगस्ट्रम
13. **(ब)** टेकेबे ने
14. **(स)** केल्कोलोर व्हाइट से

अध्याय–8

1. **(द)** 1950–1960 में

2. **(स)** मित्सुई कम्पनी ने
3. **(ब)** फाइजर कम्पनी ने
4. **(स)** 1983 में

अध्याय–9

1. **(स)** व्हाइट माध्यम पर

अध्याय–10

1. **(स)** 4.8 °C पर

अध्याय–11

1. **(स)** जीवाणु है
2. **(ब)** मृदा में
3. **(द)** ऑँकोजीन
4. **(स)** विर सी व ई
5. **(अ)** जीवाणु गुणसूत्र जीन
6. **(ब)** ओपाइन जीन
7. **(स)** 25
8. **(स)** जीवाणु है
9. **(ब)** पॉलीगेलेक्टूरोनेज एन्जाइम द्वारा

अध्याय–12

1. **(द)** *ऐजेटोबेक्टर*
2. **(ब)** *फ्रेंकिया*
3. **(स)** अमोनिया में
4. **(ब)** निफ ए व निफ एल

अध्याय–13

1. **(द)** क्वाण्टम यांत्रिकी

अध्याय–14

1. **(ब)** 100–500 केबी
2. **(अ)** 100 क्षार युग्म–20 केबी
3. **(स)** 1 क्षार युग्म
4. **(द)** ऐलेक जेफरे ने
5. **(द)** 1988 में
6. **(स)** सी ए

■ ■ ■